高 等 学 校 小 学 教 育 专 业 教 材

空间解析几何

（第二版）

主 编 许子道 殷剑兴

南京大学出版社

图书在版编目(CIP)数据

空间解析几何/许子道，殷剑兴主编 .—2 版 .—
南京：南京大学出版社，2022.8(2024.8 重印)
ISBN 978 - 7 - 305 - 25642 - 4

Ⅰ. ①空… Ⅱ. ①许… ②殷… Ⅲ. ①立体几何—解析几何—高等师范院校—教材 Ⅳ. ①O182.2

中国版本图书馆 CIP 数据核字(2022)第 063448 号

出版发行 南京大学出版社
社　　址 南京市汉口路 22 号　　邮　　编 210093

书　　名 空间解析几何
KONGJIAN JIEXI JIHE
主　　编 许子道 殷剑兴
责任编辑 钱梦菊　　**编辑热线** 025 - 83592146

照　　排 南京开卷文化传媒有限公司
印　　刷 盐城市华光印刷厂
开　　本 787 mm×960 mm 1/16 印张 10.25 字数 175 千
版　　次 2022 年 8 月第 2 版 2024 年 8 月第 2 次印刷
ISBN 978 - 7 - 305 - 25642 - 4
定　　价 29.00 元
网　　址:http://www.njupco.com
官方微博:http://weibo.com/njupco
微信服务号:njuyuexue
销售咨询热线:(025)83594756

前　言

空间解析几何是数学专业学生必修的一门基础课，也是为数学分析、高等代数、微分几何和力学等课程提供必要知识的一门课程.本书是参照高等师范院校解析几何教学大纲编写的，它可供师范院校、教育学院等作为教材或参考书.

本书编写时，我们注意力求取材适度，循序渐进，论述详细，条理清楚，论证严谨.全书共分四章，第一章讲向量代数，在这一章先是论述向量代数的基本内容，以使读者能熟练地进行各种向量运算，并直接利用向量工具解决一些问题，在此基础上再引进空间直角坐标，使向量的运算转化为数的运算.第二、三、四章用向量和坐标方法讨论了平面、空间直线、特殊曲面与二次曲面.在各章中每一节都配有适量的习题，以使读者通过练习有助于掌握基本知识.

限于编者的水平，书中缺点在所难免，热诚欢迎广大读者批评指正.

编　者

2022 年 3 月

微信扫码

习题答案

目　　录

第 1 章 向量代数

解析几何的基本思想是用代数方法来研究几何.为了将代数运算引入几何,这一章我们首先在空间引进向量,讨论向量的代数运算及其规律,并直接应用向量解决有关几何问题.利用向量的运算研究图形性质的方法称为向量法.在这一章中我们还进一步通过向量来建立坐标系,使空间的几何结构数量化、代数化,从而可使用坐标法来研究图形的性质.解析几何中常常结合使用向量法和坐标法这两种基本方法来解决几何问题.向量是数学的基本概念之一,它也是在力学、物理学和工程技术等其他学科中解决问题的有力工具.

1.1 向量的概念

1.1.1 向量及其表示

有一类量在取定单位后可以只用一个实数来表示,如时间、质量、温度、长度、面积与体积等等,这种只有大小的量称为数量.另一类量例如位移、力、速度与加速度等,它们不但有大小,而且还有方向,这一类量就是向量.

定义 1.1.1 既有大小又有方向的量称为**向量**,或称**矢量**,简称**矢**.

我们用有向线段来表示向量,有向线段的始点与终点分别称为**向量的始点与终点**,有向线段的方向表示向量的方向,而有向线段的长度代表向量的大小.始点是 A,终点是 B 的向量记作 $\overrightarrow{AB}$,有时用 $\boldsymbol{a}$,$\boldsymbol{b}$,$\boldsymbol{c}$ 来表示向量;印刷时,省去箭号，用黑体字母表示，例如用 $\boldsymbol{AB}$ 或用 $\boldsymbol{a},\boldsymbol{b},\boldsymbol{c}$ 等来表示向量(图 1.1.1).

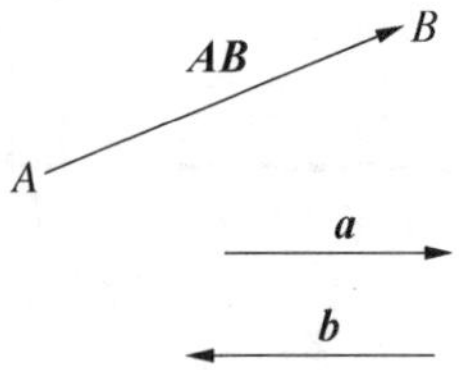

图 1.1.1

定义 1.1.2 向量的大小称为**向量的模**，或称**向量的长度**.向量 $\boldsymbol{AB}$ 与 $\boldsymbol{a}$ 的模分别记作 $|\boldsymbol{AB}|$ 与 $|\boldsymbol{a}|$.

1.1.2 特殊向量

在向量中有两种长度特殊的向量比较重要，它们是下面定义的零向量与单位向量.

定义 1.1.3 若向量 $\boldsymbol{a}$ 的模 $|\boldsymbol{a}|=0$，则称向量 $\boldsymbol{a}$ 为**零向量**，记作 $\boldsymbol{a}=\boldsymbol{0}$.零向量的方向不定.

换句话说，零向量是始点与终点重合的向量，即有：

推论 1.1.1 $\boldsymbol{AB}=\boldsymbol{0}$ 的充要条件是 $A=B$.

定义 1.1.4 若向量 $\boldsymbol{e}$ 的模 $|\boldsymbol{e}|=1$，则称向量 $\boldsymbol{e}$ 为**单位向量**.与向量 $\boldsymbol{a}$ 方向相同的单位向量称为**向量 $\boldsymbol{a}$ 的单位向量**，常用 $\boldsymbol{a}^0$ 来表示.

1.1.3 向量的主要关系

向量相互之间有下列主要关系：

定义 1.1.5 若向量 $\boldsymbol{a}$ 与 $\boldsymbol{b}$ 的模相等且方向相同，则称 $\boldsymbol{a}$ 与 $\boldsymbol{b}$ 是**相等向量**，或称 $\boldsymbol{a}$ **与** $\boldsymbol{b}$ **相等**，记作 $\boldsymbol{a}=\boldsymbol{b}$.所有零向量都相等.

定义 1.1.6 若向量 $\boldsymbol{a}$ 与 $\boldsymbol{b}$ 的模相等而方向相反，则称 $\boldsymbol{a}$ 与 $\boldsymbol{b}$ 是**相反向量**，或称 $\boldsymbol{a}$ **与** $\boldsymbol{b}$ **互为反向量**，记作 $\boldsymbol{a}=-\boldsymbol{b}$ 或 $\boldsymbol{b}=-\boldsymbol{a}$.

例 1.1.1 在平行四边形 $ABCD$ 如图 1.1.2 所表示的向量中，试指出其中的相等向量与相反向量.

解 相等向量有：

$$\boldsymbol{AB}=\boldsymbol{DC},$$
$$\boldsymbol{CO}=\boldsymbol{OA}.$$

相反向量有：

$$\boldsymbol{BC}=-\boldsymbol{DA},$$
$$\boldsymbol{OB}=-\boldsymbol{OD}.$$

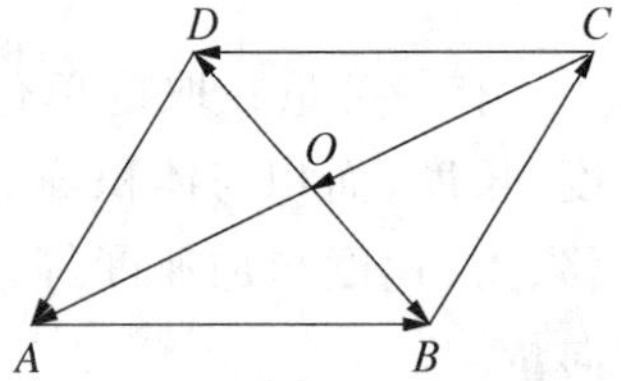

图 1.1.2

必须指出：两个向量是否相等与它们的始点无关，只由它们的模和方向决定.对于向量我们只考虑它的模与方向，它的始点可以任意选取，所有方向相同且模相等的向量，不管其始点位置差异如何，都看作是同一个向量.

正因为向量可以平行移动，平行移动后的向量仍代表原来的向量，所以若向量 $\boldsymbol{a}$ 与 $\boldsymbol{b}$ 所在直线平行或重合时，我们称 $\boldsymbol{a}$ 与 $\boldsymbol{b}$ 平行，记作 $\boldsymbol{a}/\!/\boldsymbol{b}$；若向量 $\boldsymbol{a}$ 所在直线与另一直线 l 平行或重合时，我们称 $\boldsymbol{a}$ 与直线 l 平行，记作 $\boldsymbol{a}/\!/l$；若向量 $\boldsymbol{a}$ 所在直线与平面 α 平行或在 α 上时，我们称 $\boldsymbol{a}$ 与平面 α 平行，记作 $\boldsymbol{a}/\!/\alpha$.

定义 1.1.7　平行于同一直线的一组向量称为**共线向量**.零向量与任何共线的向量组共线.

显然，若将一组共线向量平行移动归结到共同的始点，则它们在同一直线上.

定义 1.1.8　平行于同一平面的一组向量称为**共面向量**.零向量与任何共面的向量组共面.

显然，若将一组共面向量平行移动归结到共同的始点，则它们在同一平面上.

对于共线向量与共面向量还显然成立：

推论 1.1.2　一组共线向量必定是共面向量.若三个向量中有两向量共线，则这三个向量必定共面.

例 1.1.2　在四面体 $ABCD$ 中，M、N 分别为对棱 AC 与 BD 的中点，试证 $\boldsymbol{AB}$，$\boldsymbol{CD}$，$\boldsymbol{MN}$ 三个向量共面.

证　如图 1.1.3，M、N 分别为 AC、BD 的中点，再设 L 为 AD 的中点.

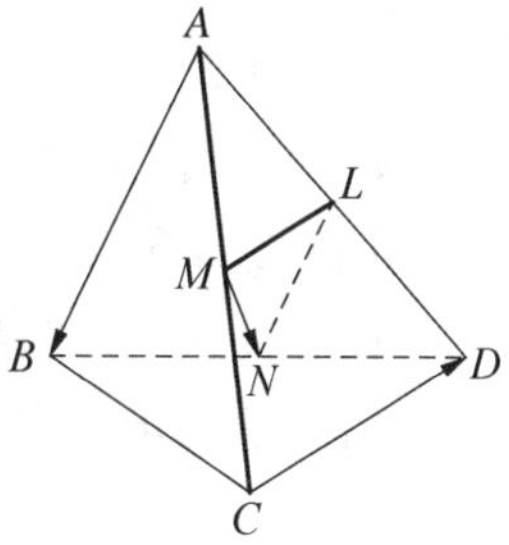

图 1.1.3

因此，由 $AB/\!/LN$ 知，

$AB/\!/$平面 LMN，故 $\boldsymbol{AB}/\!/$平面LMN；

又由 $CD/\!/LM$ 知，

$CD/\!/$平面 LMN，故 $\boldsymbol{CD}/\!/$平面LMN.

又因为　　　　$\boldsymbol{MN}/\!/$平面 LMN，

所以 $\boldsymbol{AB}$，$\boldsymbol{CD}$，$\boldsymbol{MN}$ 三个向量共面.

习题 1.1

1. 设等腰三角形 ABC 中两腰 AB、AC 的长度为 2，L，M，N 分别为 BC，CA，AB 三边的中点，$\triangle ABC$ 与 $\triangle LMN$ 的重心分别为 G 与 G'，对于向量

$\boldsymbol{LM},\boldsymbol{MN},\boldsymbol{NL},\boldsymbol{AN},\boldsymbol{LB},\boldsymbol{CM}$ 和 $\boldsymbol{GG'}$ 试指出其中的零向量，单位向量，相等向量和相反向量.

2. 在四面体 $ABCD$ 中，AB,BC,CD,DA 四棱的中点分别为 K,L,M,N. 试在向量 $\boldsymbol{AB},\boldsymbol{BC},\boldsymbol{CD},\boldsymbol{DA},\boldsymbol{AC},\boldsymbol{BD},\boldsymbol{KL},\boldsymbol{LM},\boldsymbol{MN},\boldsymbol{NK}$ 中找出共线向量与共面向量.

1.2 向量的加法

物理学中的位移是向量，两个位移的合成可以用“三角形法则”求出，如图 1.2.1 所示，一质点从 O 点出发连续做两次位移 $\boldsymbol{OA}$ 和 $\boldsymbol{AB}$，则位移 $\boldsymbol{OA}$ 与 $\boldsymbol{AB}$ 的和为位移 $\boldsymbol{OB}$. 一般地，我们可以定义两个向量的和.

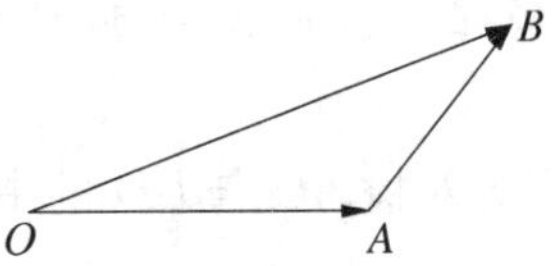

图 1.2.1

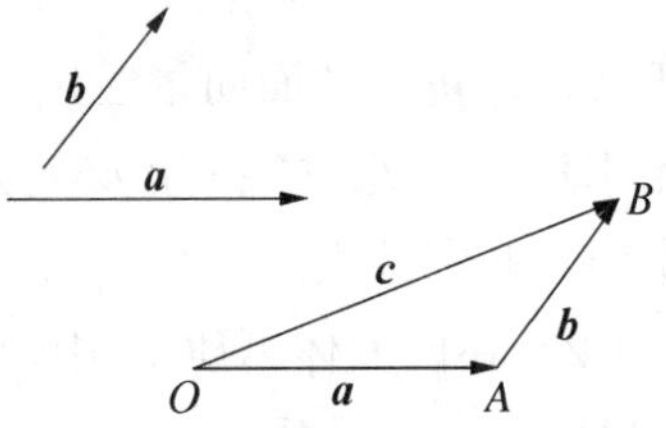

图 1.2.2

定义 1.2.1 已知向量 $\boldsymbol{a},\boldsymbol{b}$，以空间任意一点 O 为始点依次作向量 $\boldsymbol{OA}=\boldsymbol{a}$，$\boldsymbol{AB}=\boldsymbol{b}$，则称向量 $\boldsymbol{OB}=\boldsymbol{c}$ 为向量 $\boldsymbol{a}$ 与 $\boldsymbol{b}$ 的**和**，记作 $\boldsymbol{c}=\boldsymbol{a}+\boldsymbol{b}$（如图 1.2.2 所示）. 由两向量 $\boldsymbol{a}$ 和 $\boldsymbol{b}$ 求它们的和 $\boldsymbol{a}+\boldsymbol{b}$ 的运算称为**向量加法**.

按定义 1.2.1 求两个向量和的方法常称为向量求和的**三角形法则**. 这个法则可简单地表示为求和公式：

$$\boldsymbol{OA}+\boldsymbol{AB}=\boldsymbol{OB}. \tag{1.2-1}$$

对于不共线的两个向量 $\boldsymbol{a}$ 与 $\boldsymbol{b}$ 我们也可以按下述法则求它们的和.

定理 1.2.1 设 $\boldsymbol{OA}=\boldsymbol{a}$，$\boldsymbol{OB}=\boldsymbol{b}$，则以 $\boldsymbol{OA}$ 和 $\boldsymbol{OB}$ 为邻边的平行四边形 $ABCD$ 的对角线向量

$$\boldsymbol{OC}=\boldsymbol{a}+\boldsymbol{b}. \tag{1.2-2}$$

定理 1.2.1 表示的向量求和的方法常称为向量求和的**平行四边形法则**.

证 如图 1.2.3 所示，在 $\square OACB$ 中，$\boldsymbol{OA}=\boldsymbol{a}$，$\boldsymbol{OB}=\boldsymbol{b}$，

则 $$\boldsymbol{OC}=\boldsymbol{OA}+\boldsymbol{AC}=\boldsymbol{OA}+\boldsymbol{OB},$$

即 $$\boldsymbol{OC}=\boldsymbol{a}+\boldsymbol{b}.$$

向量加法的基本运算规律为

定理 1.2.2 向量加法满足下列运算规律：

(1) 交换律 $\boldsymbol{a}+\boldsymbol{b}=\boldsymbol{b}+\boldsymbol{a}$; (1.2-3)

(2) 结合律 $(\boldsymbol{a}+\boldsymbol{b})+\boldsymbol{c}=\boldsymbol{a}+(\boldsymbol{b}+\boldsymbol{c})$; (1.2-4)

(3) $\boldsymbol{a}+\boldsymbol{0}=\boldsymbol{a}$; (1.2-5)

(4) $\boldsymbol{a}+(-\boldsymbol{a})=\boldsymbol{0}$. (1.2-6)

证 (1) 当 $\boldsymbol{a}\not\parallel\boldsymbol{b}$ 时，如图 1.2.3 有

$$\boldsymbol{a}+\boldsymbol{b}=\boldsymbol{OA}+\boldsymbol{AC}=\boldsymbol{OC},$$

又 $$\boldsymbol{b}+\boldsymbol{a}=\boldsymbol{OB}+\boldsymbol{BC}=\boldsymbol{OC},$$

故 $$\boldsymbol{a}+\boldsymbol{b}=\boldsymbol{b}+\boldsymbol{a}.$$

当 $\boldsymbol{a}\parallel\boldsymbol{b}$ 时，留给读者自行证明.

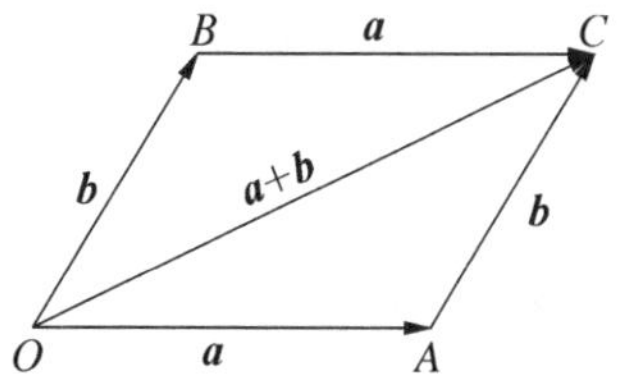

图 1.2.3

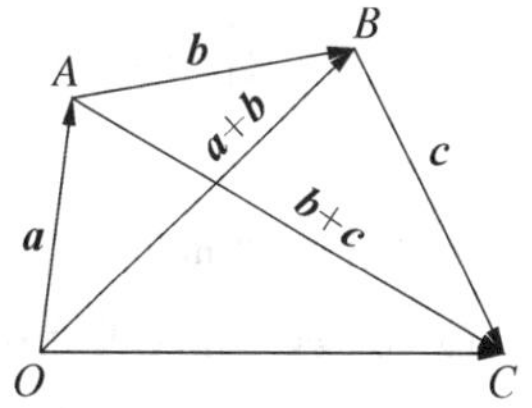

图 1.2.4

(2) 如图 1.2.4，作 $\boldsymbol{OA}=\boldsymbol{a}$，$\boldsymbol{AB}=\boldsymbol{b}$，$\boldsymbol{BC}=\boldsymbol{c}$，根据向量求和公式(1.2-1)有

$$\begin{aligned}(\boldsymbol{a}+\boldsymbol{b})+\boldsymbol{c}&=(\boldsymbol{OA}+\boldsymbol{AB})+\boldsymbol{BC}\\&=\boldsymbol{OB}+\boldsymbol{BC}=\boldsymbol{OC}.\end{aligned}$$

$$\begin{aligned}\boldsymbol{a}+(\boldsymbol{b}+\boldsymbol{c})&=\boldsymbol{OA}+(\boldsymbol{AB}+\boldsymbol{BC})\\&=\boldsymbol{OA}+\boldsymbol{AC}=\boldsymbol{OC}.\end{aligned}$$

故 $$(\boldsymbol{a}+\boldsymbol{b})+\boldsymbol{c}=\boldsymbol{a}+(\boldsymbol{b}+\boldsymbol{c}).$$

同样根据向量求和公式(1.2-1)可得

(3) $\boldsymbol{a}+\boldsymbol{0}=\boldsymbol{OA}+\boldsymbol{AA}=\boldsymbol{OA}=\boldsymbol{a}$.

(4) $\boldsymbol{a}+(-\boldsymbol{a})=\boldsymbol{OA}+\boldsymbol{AO}=\boldsymbol{OO}=\boldsymbol{0}$.

由于向量的加法满足交换律与结合律，所以三个向量 $\boldsymbol{a}$，$\boldsymbol{b}$，$\boldsymbol{c}$ 相加，不论它们的先后顺序与结合顺序如何，它们的和总是相同的，因此可以简单地写成

$$\boldsymbol{a}+\boldsymbol{b}+\boldsymbol{c},$$

推广到任意有限个向量 $\boldsymbol{a}_1,\boldsymbol{a}_2,\cdots,\boldsymbol{a}_n$ 相加就可以记作

$$\boldsymbol{a}_1+\boldsymbol{a}_2+\cdots+\boldsymbol{a}_n.$$

多次应用求和公式(1.2－1),可得任意有限个向量的求和公式

$$\boldsymbol{OA}_1+\boldsymbol{A}_1\boldsymbol{A}_2+\cdots+\boldsymbol{A}_{n-1}\boldsymbol{A}_n=\boldsymbol{OA}_n. \tag{1.2-7}$$

公式(1.2－7)给出的多个向量的求和方法常称为向量求和的**多边形法则**.

在代数中数量的减法是加法的逆运算.类似地,向量的减法可定义为向量加法的逆运算.

定义 1.2.2 对于向量 $\boldsymbol{a},\boldsymbol{b}$,若向量 $\boldsymbol{c}$ 满足

$$\boldsymbol{b}+\boldsymbol{c}=\boldsymbol{a},$$

则称向量 $\boldsymbol{c}$ 为向量 $\boldsymbol{a}$ 与 $\boldsymbol{b}$ 的**差**,记作 $\boldsymbol{c}=\boldsymbol{a}-\boldsymbol{b}$.由向量 $\boldsymbol{a}$ 与 $\boldsymbol{b}$ 求它们的差 $\boldsymbol{a}-\boldsymbol{b}$ 的运算称为**向量减法**.

因为根据向量求和的三角形法则,总有

$$\boldsymbol{OB}+\boldsymbol{BA}=\boldsymbol{OA},$$

所以由定义 1.2.2 可得向量的求差公式

$$\boldsymbol{OA}-\boldsymbol{OB}=\boldsymbol{BA}. \tag{1.2-8}$$

公式(1.2－8)给出求两向量的差的几何作图法:自空间任意一点 O 作 $\boldsymbol{OA}=\boldsymbol{a}$,$\boldsymbol{OB}=\boldsymbol{b}$,则自 $\boldsymbol{b}$ 的终点指向 $\boldsymbol{a}$ 的终点的向量 $\boldsymbol{BA}=\boldsymbol{a}-\boldsymbol{b}$(图 1.2.5).

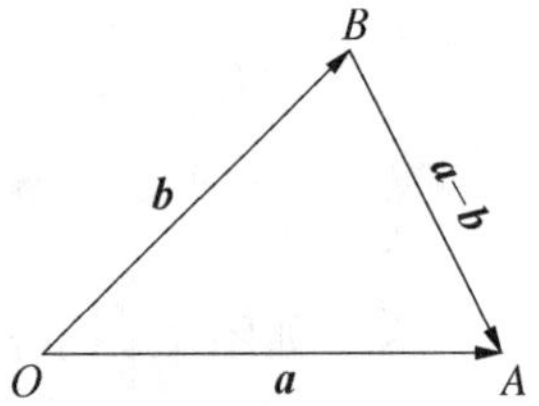

图 1.2.5

利用反向量,可将向量减法运算转化为向量加法运算.

定理 1.2.3 对于任意向量 $\boldsymbol{a},\boldsymbol{b}$,总有

$$\boldsymbol{a}-\boldsymbol{b}=\boldsymbol{a}+(-\boldsymbol{b}) \tag{1.2-9}$$

证 设 $\boldsymbol{c}=\boldsymbol{a}-\boldsymbol{b}$,根据定义 1.2.2,则有

$$\boldsymbol{b}+\boldsymbol{c}=\boldsymbol{a},$$

等式两边加上$(-\boldsymbol{b})$得

$$(-\boldsymbol{b})+\boldsymbol{b}+\boldsymbol{c}=(-\boldsymbol{b})+\boldsymbol{a}.$$

根据定理 1.2.2 得

$$\boldsymbol{c}=\boldsymbol{a}+(-\boldsymbol{b}),$$

即

$$\boldsymbol{a}-\boldsymbol{b}=\boldsymbol{a}+(-\boldsymbol{b}).$$

还要指出,对于任意两个向量 $\boldsymbol{a}$ 与 $\boldsymbol{b}$,利用向量求和的三角形法则,由几何

作图可得关于向量长度的三角不等式：

$$|\boldsymbol{a}+\boldsymbol{b}|\leqslant|\boldsymbol{a}|+|\boldsymbol{b}|. \tag{1.2-10}$$

例 1.2.1　设三个向量 $\boldsymbol{a}$，$\boldsymbol{b}$，$\boldsymbol{c}$ 互不共线，试证明顺次将它们的终点与始点相接构成一个三角形的充要条件是：

$$\boldsymbol{a}+\boldsymbol{b}+\boldsymbol{c}=\boldsymbol{0}.$$

证　作 $\boldsymbol{AB}=\boldsymbol{a}$，$\boldsymbol{BC}=\boldsymbol{b}$，$\boldsymbol{CD}=\boldsymbol{c}$，则 $\boldsymbol{a}$，$\boldsymbol{b}$，$\boldsymbol{c}$ 可以构成三角形的充要条件为 A 与 D 重合，即

$$\boldsymbol{AD}=\boldsymbol{0},$$

而

$$\boldsymbol{AD}=\boldsymbol{AB}+\boldsymbol{BC}+\boldsymbol{CD}=\boldsymbol{a}+\boldsymbol{b}+\boldsymbol{c},$$

所以 $\boldsymbol{a}$、$\boldsymbol{b}$、$\boldsymbol{c}$ 可构成三角形的充要条件是

$$\boldsymbol{a}+\boldsymbol{b}+\boldsymbol{c}=\boldsymbol{0}.$$

例 1.2.2　如图 1.2.6，在平行六面体 $ABCD-EFGH$ 中，$\boldsymbol{AB}=\boldsymbol{a}$，$\boldsymbol{AD}=\boldsymbol{b}$，$\boldsymbol{AE}=\boldsymbol{c}$，试用 $\boldsymbol{a}$，$\boldsymbol{b}$，$\boldsymbol{c}$ 表示对角线向量 $\boldsymbol{AG}$，$\boldsymbol{EC}$.

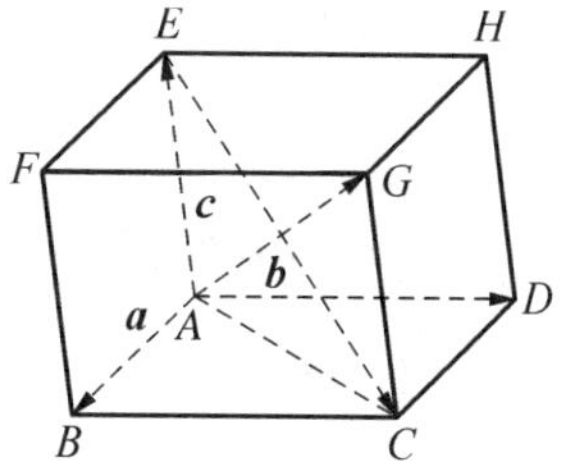

图 1.2.6

解　(1)
$$\begin{aligned}\boldsymbol{AG}&=\boldsymbol{AB}+\boldsymbol{BC}+\boldsymbol{CG}\\&=\boldsymbol{AB}+\boldsymbol{AD}+\boldsymbol{AE}\\&=\boldsymbol{a}+\boldsymbol{b}+\boldsymbol{c};\end{aligned}$$

(2)
$$\begin{aligned}\boldsymbol{EC}&=\boldsymbol{EA}+\boldsymbol{AB}+\boldsymbol{BC}=-\boldsymbol{AE}+\boldsymbol{AB}+\boldsymbol{AD}\\&=-\boldsymbol{c}+\boldsymbol{a}+\boldsymbol{b}=\boldsymbol{a}+\boldsymbol{b}-\boldsymbol{c}\end{aligned}$$

或　$\boldsymbol{EC}=\boldsymbol{AC}-\boldsymbol{AE}=\boldsymbol{a}+\boldsymbol{b}-\boldsymbol{c}$.

例 1.2.3　用向量法证明：对角线互相平分的四边形是平行四边形.

证　设四边形 $ABCD$ 的对角线 AC 与 BD 交于 O 点且被点 O 平分(图 1.2.7). 于是有

$$\begin{aligned}\boldsymbol{AB}&=\boldsymbol{AO}+\boldsymbol{OB}=\boldsymbol{OB}+\boldsymbol{AO}\\&=\boldsymbol{DO}+\boldsymbol{OC}=\boldsymbol{DC},\end{aligned}$$

故　$\boldsymbol{AB}/\!/\boldsymbol{DC}$，且 $|\boldsymbol{AB}|=|\boldsymbol{DC}|$，

从而四边形 $ABCD$ 为平行四边形.

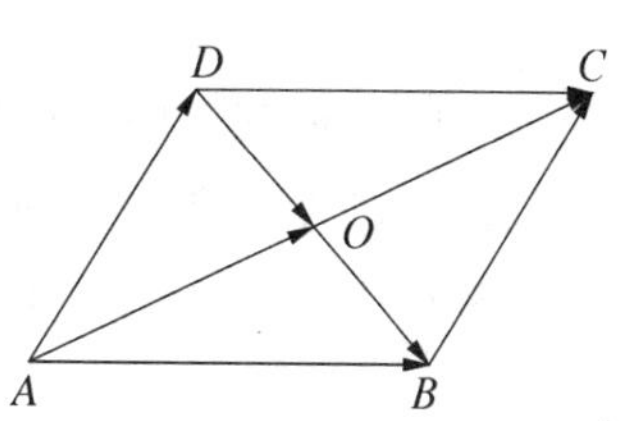

图 1.2.7

习题 1.2

1. 在平行六面体 $ABCD-EFGH$ 中，以顶点 A 为始点的三个棱向量为 $\boldsymbol{AB}=\boldsymbol{a}$，$\boldsymbol{AD}=\boldsymbol{b}$，$\boldsymbol{AE}=\boldsymbol{c}$，试用 $\boldsymbol{a}$，$\boldsymbol{b}$，$\boldsymbol{c}$ 表示对角线向量 $\boldsymbol{BH}$，$\boldsymbol{DF}$.

2. 证明四边形 $ABCD$ 为平行四边形的充要条件为对任一点 O 有

$$\boldsymbol{OA}+\boldsymbol{OC}=\boldsymbol{OB}+\boldsymbol{OD}.$$

3. 设 n 个向量 $\boldsymbol{a}_1,\boldsymbol{a}_2,\cdots,\boldsymbol{a}_n$ 每相邻两向量均不共线，证明它们顺次首尾相接构成封闭折线的充要条件是

$$\boldsymbol{a}_1+\boldsymbol{a}_2+\cdots+\boldsymbol{a}_n=\boldsymbol{0}.$$

1.3 向量的数量乘法

在物理中我们知道，若用 $\boldsymbol{f}$，$\boldsymbol{a}$ 与 m 分别表示力、加速度与质量，则它们的关系为

$$\boldsymbol{f}=m\boldsymbol{a},$$

若用 $\boldsymbol{s}$，$\boldsymbol{v}$ 与 t 分别表示位移、速度与时间，则它们的关系为

$$\boldsymbol{s}=\boldsymbol{v}t,$$

在数学中我们将这一类向量与数量的关系抽象定义为向量的数量乘法运算.

定义 1.3.1 向量 $\boldsymbol{a}$ 与实数 λ 的乘积是一个向量，记作 $\lambda\boldsymbol{a}$ 或 $\boldsymbol{a}\lambda$，$\lambda\boldsymbol{a}$ 的模为

$$|\lambda\boldsymbol{a}|=|\lambda||\boldsymbol{a}|, \tag{1.3-1}$$

当 $\lambda>0$ 时 $\lambda\boldsymbol{a}$ 的方向与 $\boldsymbol{a}$ 相同，当 $\lambda<0$ 时与 $\boldsymbol{a}$ 相反.我们把这种运算称为**向量的数量乘法**，或称**数量与向量的乘法**，简称**数乘**.

推论 1.3.1 $\lambda\boldsymbol{a}=\boldsymbol{0}$ 的充要条件为 $\lambda=0$ 或 $\boldsymbol{a}=\boldsymbol{0}$.

证 $\lambda\boldsymbol{a}=\boldsymbol{0}$ 即 $|\lambda\boldsymbol{a}|=0$，

而 $|\lambda\boldsymbol{a}|=|\lambda||\boldsymbol{a}|$，

所以 $\lambda\boldsymbol{a}=\boldsymbol{0}$ 的充要条件为 $|\lambda|=0$ 或 $|\boldsymbol{a}|=\boldsymbol{0}$，即 $\lambda=0$ 或 $\boldsymbol{a}=\boldsymbol{0}$.

根据定义 1.3.1，容易验证下面两个推论成立.

推论 1.3.2 $(-1)\boldsymbol{a}$ 是 $\boldsymbol{a}$ 的反向量 $-\boldsymbol{a}$，即有

$$(-1)\boldsymbol{a}=-\boldsymbol{a}. \tag{1.3-2}$$

推论 1.3.3　设非零向量 $\boldsymbol{a}$ 的单位向量为 $\boldsymbol{a}^0$，则有

$$\boldsymbol{a}=|\boldsymbol{a}|\boldsymbol{a}^0 \tag{1.3-3}$$

或

$$\boldsymbol{a}^0=\frac{\boldsymbol{a}}{|\boldsymbol{a}|}. \tag{1.3-4}$$

式(1.3-4)的作用是可使非零向量 $\boldsymbol{a}$ 单位化，即将非零向量 $\boldsymbol{a}$ 乘以它的模的倒数，便可得到 $\boldsymbol{a}$ 的单位向量 $\boldsymbol{a}^0$.

向量的数量乘法的基本运算规律为：

定理 1.3.1　对于任意向量 $\boldsymbol{a},\boldsymbol{b}$ 和任意实数 λ,μ 有：

(1)　$1\cdot\boldsymbol{a}=\boldsymbol{a}$；　(1.3-5)

(2) 结合律　$\lambda(\mu\boldsymbol{a})=(\lambda\mu)\boldsymbol{a}$；　(1.3-6)

(3) 第一分配律　$(\lambda+\mu)\boldsymbol{a}=\lambda\boldsymbol{a}+\mu\boldsymbol{a}$；　(1.3-7)

(4) 第二分配律　$\lambda(\boldsymbol{a}+\boldsymbol{b})=\lambda\boldsymbol{a}+\lambda\boldsymbol{b}$.　(1.3-8)

证　(1) 根据定义 1.3.1，(1.3-5)显然成立.

(2) 若 $\boldsymbol{a}=\boldsymbol{0}$ 或 $\lambda\mu=0$，则 $\lambda(\mu\boldsymbol{a})=\boldsymbol{0}$ 且 $(\lambda\mu)\boldsymbol{a}=\boldsymbol{0}$，从而(1.3-6)成立.

若 $\boldsymbol{a}\neq\boldsymbol{0}$ 且 $\lambda\mu\neq 0$，只要证明 $\lambda(\mu\boldsymbol{a})$ 与 $(\lambda\mu)\boldsymbol{a}$ 模相等方向相同.首先

$$|\lambda(\mu\boldsymbol{a})|=|\lambda||\mu\boldsymbol{a}|=|\lambda||\mu||\boldsymbol{a}|,$$

$$|(\lambda\mu)\boldsymbol{a}|=|\lambda\mu||\boldsymbol{a}|=|\lambda||\mu||\boldsymbol{a}|,$$

故

$$|\lambda(\mu\boldsymbol{a})|=|(\lambda\mu)\boldsymbol{a}|.$$

再考察它们的方向，当 $\lambda\mu>0$ 即 λ 与 μ 同号时，它们都与 $\boldsymbol{a}$ 同向，当 $\lambda\mu<0$ 时它们都与 $\boldsymbol{a}$ 反向，因此 $\lambda(\mu\boldsymbol{a})$ 与 $(\lambda\mu)\boldsymbol{a}$ 同向.所以当 $\boldsymbol{a}\neq\boldsymbol{0}$ 且 $\lambda\mu\neq 0$ 时，向量 $\lambda(\mu\boldsymbol{a})$ 与 $(\lambda\mu)\boldsymbol{a}$ 不仅模相等而且方向相同，因此(1.3-6)成立.

(3) 若 $\boldsymbol{a}=\boldsymbol{0}$ 或 λ、μ、$\lambda+\mu$ 中至少有一个为 0，则(1.3-7)显然成立.

下面设 $\boldsymbol{a}\neq\boldsymbol{0}$，$\lambda\mu\neq 0$，且 $\lambda+\mu\neq 0$.

(i) 若 $\lambda\mu>0$，则 $(\lambda+\mu)\boldsymbol{a}$ 与 $\lambda\boldsymbol{a}+\mu\boldsymbol{a}$ 显然同向，并且

$$\begin{aligned}|(\lambda+\mu)\boldsymbol{a}|&=|\lambda+\mu||\boldsymbol{a}|=(|\lambda|+|\mu|)|\boldsymbol{a}|\\&=|\lambda||\boldsymbol{a}|+|\mu||\boldsymbol{a}|=|\lambda\boldsymbol{a}|+|\mu\boldsymbol{a}|\\&=|\lambda\boldsymbol{a}+\mu\boldsymbol{a}|,\end{aligned}$$

所以

$$(\lambda+\mu)\boldsymbol{a}=\lambda\boldsymbol{a}+\mu\boldsymbol{a}.$$

(ii) 若 $\lambda\mu<0$，则 λ,μ 异号，由假设 $\lambda+\mu\neq 0$，可不妨设 $|\lambda|>|\mu|$.这时 $(\lambda+\mu)\boldsymbol{a}$，$\lambda\boldsymbol{a}+\mu\boldsymbol{a}$ 都与 $\lambda\boldsymbol{a}$ 同向，从而 $(\lambda+\mu)\boldsymbol{a}$ 与 $\lambda\boldsymbol{a}+\mu\boldsymbol{a}$ 同向；又因为

$$|(\lambda+\mu)\boldsymbol{a}|=|\lambda+\mu||\boldsymbol{a}|=(|\lambda|-|\mu|)|\boldsymbol{a}|,$$

$$|\lambda \boldsymbol{a}+\mu \boldsymbol{a}|=|\lambda \boldsymbol{a}|-|\mu \boldsymbol{a}|=(|\lambda|-|\mu|)|\boldsymbol{a}|,$$

所以
$$|(\lambda+\mu)\boldsymbol{a}|=|\lambda \boldsymbol{a}+\mu \boldsymbol{a}|,$$

从而
$$(\lambda+\mu)\boldsymbol{a}=\lambda \boldsymbol{a}+\mu \boldsymbol{a}.$$

综上所证,(1.3-7)成立.

(4) 若 $\lambda=0$ 或 $\boldsymbol{a},\boldsymbol{b}$ 中至少有一个为 $\boldsymbol{0}$,则(1.3-8)显然成立.

下面设 $\boldsymbol{a}\neq\boldsymbol{0},\boldsymbol{b}\neq\boldsymbol{0}$ 且 $\lambda\neq 0$,

(i) 若 $\boldsymbol{a},\boldsymbol{b}$ 共线,则必存在一实数 x 使

$$\boldsymbol{b}=x\boldsymbol{a}.$$

为此只要取

$$x=\begin{cases}\dfrac{|\boldsymbol{b}|}{|\boldsymbol{a}|}, & (\boldsymbol{a}、\boldsymbol{b}\text{ 同向})\\ -\dfrac{|\boldsymbol{b}|}{|\boldsymbol{a}|}. & (\boldsymbol{a}、\boldsymbol{b}\text{ 反向})\end{cases} \tag{1.3-9}$$

便有 $|\boldsymbol{b}|=|x\boldsymbol{a}|$,且 $\boldsymbol{b}$ 与 $x\boldsymbol{a}$ 同向,从而有 $\boldsymbol{b}=x\boldsymbol{a}$.于是根据(1.3-6)与(1.3-7)有

$$\begin{aligned}\lambda(\boldsymbol{a}+\boldsymbol{b})&=\lambda(\boldsymbol{a}+x\boldsymbol{a})=\lambda[(1+x)\boldsymbol{a}]\\&=(\lambda+\lambda x)\boldsymbol{a}=\lambda\boldsymbol{a}+(\lambda x)\boldsymbol{a}\\&=\lambda\boldsymbol{a}+\lambda(x\boldsymbol{a})=\lambda\boldsymbol{a}+\lambda\boldsymbol{b};\end{aligned}$$

(ii) 若 $\boldsymbol{a}、\boldsymbol{b}$ 不共线,如图 1.3.1,作 $\boldsymbol{OA}=\boldsymbol{a},\boldsymbol{AB}=\boldsymbol{b},\boldsymbol{OA}_1=\lambda\boldsymbol{a},\boldsymbol{A}_1\boldsymbol{B}_1=\lambda\boldsymbol{b}$,则 $\triangle OAB$ 与 $\triangle OA_1B_1$ 相似,相似比为 $|\lambda|$,从而有

$$\boldsymbol{OB}_1=\lambda\boldsymbol{OB},$$

但
$$\boldsymbol{OB}=\boldsymbol{a}+\boldsymbol{b},$$
$$\boldsymbol{OB}_1=\lambda\boldsymbol{a}+\lambda\boldsymbol{b},$$

所以
$$\lambda(\boldsymbol{a}+\boldsymbol{b})=\lambda\boldsymbol{a}+\lambda\boldsymbol{b}.$$

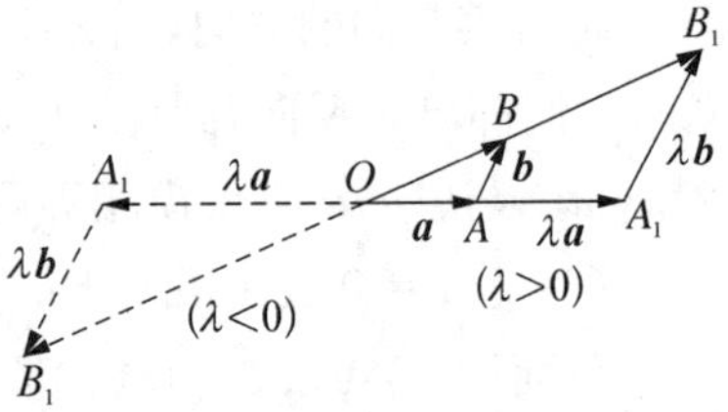

图 1.3.1

综上所证(1.3-8)成立.

通过上面讨论我们看到,向量的加法,减法以及数乘向量的运算规律与代数中多项式的加、减法及数乘多项式的运算规律相同,因此对于向量的加、减法及数乘可以像多项式那样进行运算.

向量的加法与数乘统称为向量的**线性运算**.下面我们应用向量的线性运算来导出有向线段定比分点的位置向量公式.

定义 1.3.2　对于有向线段$\overline{AB}(A\neq B)$，若点 P 满足 $\boldsymbol{AP}=\lambda\boldsymbol{PB}(\lambda\neq-1)$，则称**点 P 分有向线段 $\overline{\boldsymbol{AB}}$ 成定比 λ**，并称点 P 为有向线段$\overline{AB}$的**定比分点**.

当 $\lambda>0$ 时，$\boldsymbol{AP}$ 与 $\boldsymbol{PB}$ 同向，点 P 为线段 AB 内部的点，称 P 为内分点；当 $\lambda<0$ 时，$\boldsymbol{AP}$ 与 $\boldsymbol{PB}$ 反向，点 P 为线段 AB 外部的点，称点 P 为外分点.

定理 1.3.2　设点 P 分有向线段 $\boldsymbol{AB}$ 成定比 λ，即 $\boldsymbol{AP}=\lambda\boldsymbol{PB}$ $(\lambda\neq-1)$，O 为空间任意一点，则有

$$\boldsymbol{OP}=\frac{\boldsymbol{OA}+\lambda\boldsymbol{OB}}{1+\lambda}. \tag{1.3-10}$$

特别当 $\lambda=1$，即 P 为线段 AB 的中点时，有

$$\boldsymbol{OP}=\frac{\boldsymbol{OA}+\boldsymbol{OB}}{2}. \tag{1.3-11}$$

证　如图 1.3.2，因为

$$\boldsymbol{AP}=\boldsymbol{OP}-\boldsymbol{OA},$$

$$\boldsymbol{PB}=\boldsymbol{OB}-\boldsymbol{OP},$$

则由

$$\boldsymbol{AP}=\lambda\boldsymbol{PB},$$

得

$$\boldsymbol{OP}-\boldsymbol{OA}=\lambda(\boldsymbol{OB}-\boldsymbol{OP}),$$

移项得

$$(1+\lambda)\boldsymbol{OP}=\boldsymbol{OA}+\lambda\boldsymbol{OB},$$

所以

$$\boldsymbol{OP}=\frac{\boldsymbol{OA}+\lambda\boldsymbol{OB}}{1+\lambda}.$$

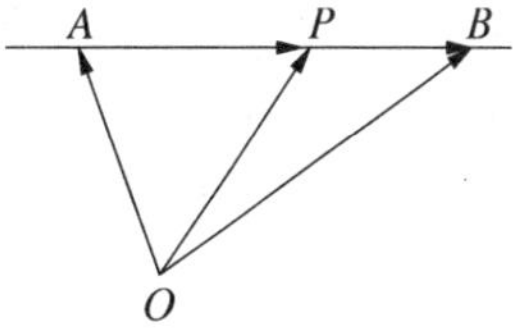

图 1.3.2

若在空间任意取定一点 O 作参考点，则空间每一点 P 对应一个以参考点 O 为始点的向量 $\boldsymbol{OP}$，并且这种对应是一对一的，从而由向量 $\boldsymbol{OP}$ 可以确定点 P 的位置，因此我们称向量 $\boldsymbol{OP}$ 为点 P 关于参考点 O 的**位置向量**，或称**向径**.

公式(1.3-10)是线段定比分点的位置向量公式；公式(1.3-11)则是线段中点的位置向量公式.

推论 1.3.4　设点 G 为$\triangle ABC$ 的重心，O 为空间任意一点，则重心 G 的位置向量为

$$\boldsymbol{OG}=\frac{1}{3}(\boldsymbol{OA}+\boldsymbol{OB}+\boldsymbol{OC}). \tag{1.3-12}$$

证　如图 1.3.3，设 M 为 BC 边的中点，根据公式(1.3-11)有

$$\boldsymbol{OM}=\frac{\boldsymbol{OB}+\boldsymbol{OC}}{2},$$

即 $$2\boldsymbol{OM}=\boldsymbol{OB}+\boldsymbol{OC}.$$

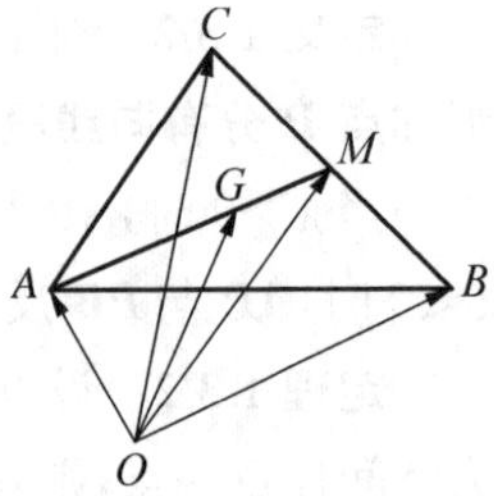

图 1.3.3

由 G 为 $\triangle ABC$ 的重心知 $\boldsymbol{AG}=2\boldsymbol{GM}$.

根据公式(1.3-10),并利用前式得

$$\boldsymbol{OG}=\frac{\boldsymbol{OA}+2\boldsymbol{OM}}{1+2}=\frac{1}{3}(\boldsymbol{OA}+\boldsymbol{OB}+\boldsymbol{OC}).$$

例 1.3.1 化简 $(\alpha+\beta)(\boldsymbol{a}+\boldsymbol{b}-\boldsymbol{c})+(\beta+\gamma)(\boldsymbol{b}+\boldsymbol{c}-\boldsymbol{a})+(\gamma+\alpha)(\boldsymbol{c}+\boldsymbol{a}-\boldsymbol{b})$.

解
$$\begin{aligned}&(\alpha+\beta)(\boldsymbol{a}+\boldsymbol{b}-\boldsymbol{c})+(\beta+\gamma)(\boldsymbol{b}+\boldsymbol{c}-\boldsymbol{a})+(\gamma+\alpha)(\boldsymbol{c}+\boldsymbol{a}-\boldsymbol{b})\\&=[(\alpha+\beta)-(\beta+\gamma)+(\gamma+\alpha)]\boldsymbol{a}+[(\alpha+\beta)+(\beta+\gamma)-(\gamma+\alpha)]\boldsymbol{b}+\\&\quad[-(\alpha+\beta)+(\beta+\gamma)+(\gamma+\alpha)]\boldsymbol{c}\\&=2(\alpha\boldsymbol{a}+\beta\boldsymbol{b}+\gamma\boldsymbol{c}).\end{aligned}$$

例 1.3.2 如图 1.3.4,已知在 $\triangle OAB$ 中,点 P,Q 分别在 AB 边及其延长线上,且 $AP=2PB$,$AQ=3BQ$,$\boldsymbol{OA}=\boldsymbol{a}$,$\boldsymbol{OB}=\boldsymbol{b}$,试求 $\boldsymbol{OP}$ 与 $\boldsymbol{OQ}$.

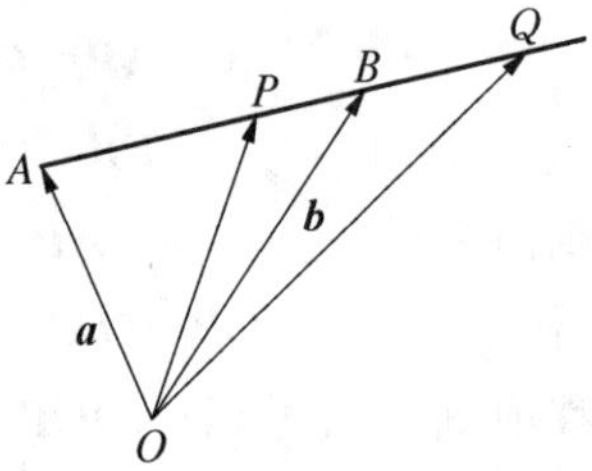

图 1.3.4

解 (1) 因为 $AP=2PB$ 且 $\boldsymbol{AP}$,$\boldsymbol{PB}$ 同向,

所以 $$\boldsymbol{AP}=2\boldsymbol{PB},$$

应用公式(1.3-10)得

$$\boldsymbol{OP}=\frac{\boldsymbol{OA}+2\boldsymbol{OB}}{1+2}=\frac{1}{3}(\boldsymbol{a}+2\boldsymbol{b})=\frac{1}{3}\boldsymbol{a}+\frac{2}{3}\boldsymbol{b};$$

(2) 因为 $AQ=3QB$ 且 $\boldsymbol{AQ}$,$\boldsymbol{QB}$ 反向,

所以 $$\boldsymbol{AQ}=-3\boldsymbol{QB},$$

应用公式(1.3-10)得

$$\boldsymbol{OQ}=\frac{\boldsymbol{OA}-3\boldsymbol{OB}}{1-3}=-\frac{1}{2}(\boldsymbol{a}-3\boldsymbol{b})=-\frac{1}{2}\boldsymbol{a}+\frac{3}{2}\boldsymbol{b}.$$

例 1.3.3 设 L,M,N 分别是 $\triangle ABC$ 三边 AB,BC,CA 的中点,O 是任意一点,证明:

$$\boldsymbol{OL}+\boldsymbol{OM}+\boldsymbol{ON}=\boldsymbol{OA}+\boldsymbol{OB}+\boldsymbol{OC}.$$

证 依条件有

$$\boldsymbol{AL}=\boldsymbol{LB},\boldsymbol{BM}=\boldsymbol{MC},\boldsymbol{CN}=\boldsymbol{NA},$$

应用公式(1.3-11),对任意点 O 有

$$\boldsymbol{OL}=\frac{1}{2}(\boldsymbol{OA}+\boldsymbol{OB}),$$

$$\boldsymbol{OM}=\frac{1}{2}(\boldsymbol{OB}+\boldsymbol{OC}),$$

$$\boldsymbol{ON}=\frac{1}{2}(\boldsymbol{OC}+\boldsymbol{OA}),$$

三式相加得：

$$\boldsymbol{OL}+\boldsymbol{OM}+\boldsymbol{ON}=\boldsymbol{OA}+\boldsymbol{OB}+\boldsymbol{OC}.$$

例 1.3.4 用向量法证明：连接三角形两边中点的线段平行于第三边且等于第三边的一半.

证 如图 1.3.5，设$\triangle ABC$两边AB，AC的中点分别为M，N，则有

$$\begin{aligned}\boldsymbol{MN}&=\boldsymbol{AN}-\boldsymbol{AM}\\&=\frac{1}{2}\boldsymbol{AC}-\frac{1}{2}\boldsymbol{AB}\\&=\frac{1}{2}(\boldsymbol{AC}-\boldsymbol{AB})=\frac{1}{2}\boldsymbol{BC},\end{aligned}$$

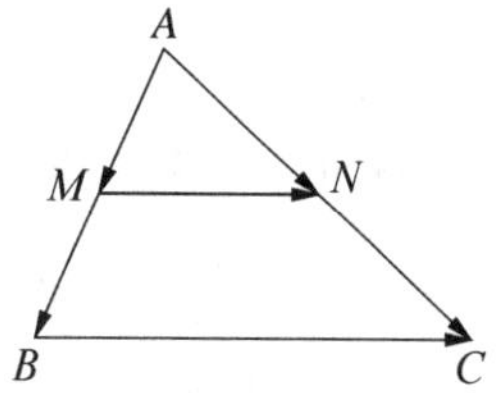

图 1.3.5

所以$\boldsymbol{MN}\parallel\boldsymbol{BC}$，且$|\boldsymbol{MN}|=\frac{1}{2}|\boldsymbol{BC}|$.

习题 1.3

1. 已知$\boldsymbol{a}=\boldsymbol{e}_1+2\boldsymbol{e}_2-\boldsymbol{e}_3$，$\boldsymbol{b}=3\boldsymbol{e}_1-2\boldsymbol{e}_2+2\boldsymbol{e}_3$，求$\boldsymbol{a}+\boldsymbol{b}$，$\boldsymbol{a}-\boldsymbol{b}$与$3\boldsymbol{a}-2\boldsymbol{b}$.

2. 含有未知向量的等式称为向量方程.试从向量方程组：

$$\begin{cases}3\boldsymbol{x}+4\boldsymbol{y}=\boldsymbol{a},\\2\boldsymbol{x}-3\boldsymbol{y}=\boldsymbol{b};\end{cases}$$

解出向量$\boldsymbol{x}$与$\boldsymbol{y}$.

3. 已知四边形$ABCD$中，$\boldsymbol{AB}=\boldsymbol{a}-2\boldsymbol{c}$，$\boldsymbol{CD}=5\boldsymbol{a}+6\boldsymbol{b}-8\boldsymbol{c}$，对角线$AC$，$BD$的中点分别为$E$，$F$，求$\boldsymbol{EF}$.

4. 在$\triangle ABC$中，$OA=2OB$，$\angle BOC$的平分线AT交BC于T点，若$\boldsymbol{OA}=\boldsymbol{a}$，$\boldsymbol{OB}=\boldsymbol{b}$，试求$\boldsymbol{AT}$.

5. 设L，M，N分别为$\triangle ABC$三边BC，CA，AB的中点，试证明三个中线向量$\boldsymbol{AL}$，$\boldsymbol{BM}$，$\boldsymbol{CN}$可以构成三角形.

6. 用向量法证明：平行四边形对角线互相平分.

7. 设 M 是□$ABCD$ 的中心，O 是任意一点. 证明：

$$\boldsymbol{OA}+\boldsymbol{OB}+\boldsymbol{OC}+\boldsymbol{OD}=4\boldsymbol{OM}.$$

8. 设四面体 $ABCD$ 对棱 AB，CD 的中点分别为 M，N. 证明：

$$\boldsymbol{AC}+\boldsymbol{BC}+\boldsymbol{AD}+\boldsymbol{BD}=4\boldsymbol{MN}.$$

1.4 共线向量与共面向量

1.4.1 共线向量与共面向量

应用向量的线性运算，可以导出共线向量与共面向量的判定条件. 关于两个向量共线有如下定理.

定理 1.4.1 向量 $\boldsymbol{b}$ 与非零向量 $\boldsymbol{a}$ 共线的充要条件是

$$\boldsymbol{b}=\lambda\boldsymbol{a}, \tag{1.4-1}$$

其中系数 λ 被 $\boldsymbol{a}$，$\boldsymbol{b}$ 唯一确定.

证 必要性：若 $\boldsymbol{b}$ 与 $\boldsymbol{a}$ 共线，由于 $\boldsymbol{a}\neq\boldsymbol{0}$，则由(1.3-9)知，必存在一实数 λ，使得 $\boldsymbol{b}=\lambda\boldsymbol{a}$.

充分性：若 $\boldsymbol{b}=\lambda\boldsymbol{a}$，则根据向量数乘的定义 1.3.1，即知 $\boldsymbol{b}$ 与 $\boldsymbol{a}$ 共线.

再证 λ 由 $\boldsymbol{a}$，$\boldsymbol{b}$ 唯一确定，若还存在 λ' 使得

$$\boldsymbol{b}=\lambda'\boldsymbol{a},$$

则有

$$\lambda'\boldsymbol{a}=\lambda\boldsymbol{a},$$

从而

$$(\lambda'-\lambda)\boldsymbol{a}=\boldsymbol{0},$$

但 $\boldsymbol{a}\neq\boldsymbol{0}$，所以 $\lambda'-\lambda=0$，即 $\lambda'=\lambda$. 可见 λ 由 $\boldsymbol{a}$，$\boldsymbol{b}$ 唯一确定.

将定理 1.4.1 推广，使得 $\boldsymbol{a}$ 与 $\boldsymbol{b}$ 的地位对等，则有下述定理：

定理 1.4.2 向量 $\boldsymbol{a}$ 与 $\boldsymbol{b}$ 共线的充要条件是：存在不全为零的实数 λ，μ 使得

$$\lambda\boldsymbol{a}+\mu\boldsymbol{b}=\boldsymbol{0}. \tag{1.4-2}$$

证 必要性：设 $\boldsymbol{a}$ 与 $\boldsymbol{b}$ 共线，若 $\boldsymbol{a}=\boldsymbol{0}$，则有 $\lambda=1$，$\mu=0$，可使

$$1\cdot\boldsymbol{a}+0\cdot\boldsymbol{b}=\boldsymbol{0};$$

若 $\boldsymbol{a}\neq\boldsymbol{0}$，则根据定理 1.4.1，存在实数 λ 使得 $\boldsymbol{b}=\lambda\boldsymbol{a}$，从而有

$$\lambda\boldsymbol{a}+(-1)\boldsymbol{b}=\boldsymbol{0}.$$

充分性：若 $\lambda\boldsymbol{a}+\mu\boldsymbol{b}=\boldsymbol{0}$，其中 λ、μ 不全为零，不妨设 $\lambda\neq 0$，则有 $\boldsymbol{a}=-\frac{\mu}{\lambda}\boldsymbol{b}$，若 $\boldsymbol{b}\neq\boldsymbol{0}$，由定理 1.4.1 知 $\boldsymbol{a}$ 与 $\boldsymbol{b}$ 共线；若 $\boldsymbol{b}=\boldsymbol{0}$，由定义 1.1.7 知 $\boldsymbol{a}$ 与 $\boldsymbol{b}$ 共线.

关于三个向量共面有如下定理.

定理 1.4.3　向量 $\boldsymbol{c}$ 与两个不共线向量 $\boldsymbol{a}$，$\boldsymbol{b}$ 共面的充要条件是

$$\boldsymbol{c}=\lambda\boldsymbol{a}+\mu\boldsymbol{b} \tag{1.4-3}$$

其中系数 λ，μ 被 $\boldsymbol{a}$，$\boldsymbol{b}$，$\boldsymbol{c}$ 唯一确定.

证　必要性：设 $\boldsymbol{c}$ 与 $\boldsymbol{a}$，$\boldsymbol{b}$ 共面，由 $\boldsymbol{a}$ 与 $\boldsymbol{b}$ 不共线知 $\boldsymbol{a}\neq\boldsymbol{0}$，$\boldsymbol{b}\neq\boldsymbol{0}$.

若 $\boldsymbol{c}$ 与 $\boldsymbol{a}$（或 $\boldsymbol{b}$）共线，则根据定理 1.4.1 有 $\boldsymbol{c}=\lambda\boldsymbol{a}$（或 $\boldsymbol{c}=\mu\boldsymbol{b}$），从而有 $\boldsymbol{c}=\lambda\boldsymbol{a}+0\boldsymbol{b}$（或 $\boldsymbol{c}=0\boldsymbol{a}+\mu\boldsymbol{b}$）；

若 $\boldsymbol{c}$ 与 $\boldsymbol{a}$，$\boldsymbol{b}$ 都不共线，把它们归结到同一始点 O，使 $\boldsymbol{OA}=\boldsymbol{a}$，$\boldsymbol{OB}=\boldsymbol{b}$，$\boldsymbol{OC}=\boldsymbol{c}$，并自 C 点分别作 OB，OA 的平行线，它们与直线 OA，OB 分别交于 A'，B' 两点（图 1.4.1），于是四边形 $OA'CB'$ 为平行四边形. 因为 $\boldsymbol{OA}'\parallel\boldsymbol{a}$，$\boldsymbol{OB}'\parallel\boldsymbol{b}$，根据定理 1.4.1 则有 $\boldsymbol{OA}'=\lambda\boldsymbol{a}$，$\boldsymbol{OB}=\mu\boldsymbol{b}$，又根据向量求和的平行四边形法则有 $\boldsymbol{OC}=\boldsymbol{OA}'+\boldsymbol{OB}'$，从而得

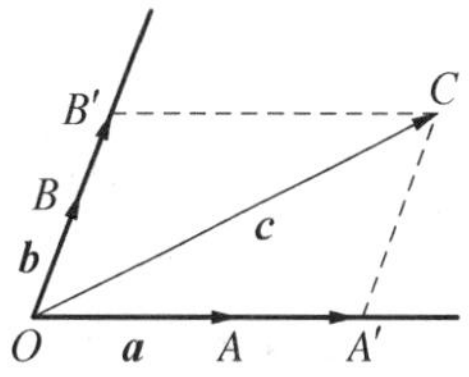

图 1.4.1

$$\boldsymbol{c}=\lambda\boldsymbol{a}+\mu\boldsymbol{b}.$$

充分性：设 $\boldsymbol{c}=\lambda\boldsymbol{a}+\mu\boldsymbol{b}$，若 $\lambda\mu=0$，不妨设 $\lambda=0$，则有 $\boldsymbol{c}=\mu\boldsymbol{b}$，所以 $\boldsymbol{c}$ 与 $\boldsymbol{b}$ 共线，从而 $\boldsymbol{c}$ 与 $\boldsymbol{a}$，$\boldsymbol{b}$ 共面；

若 $\lambda\mu\neq 0$，由向量求和的平行四边形法则知，$\boldsymbol{c}$ 是以 $\lambda\boldsymbol{a}$ 与 $\mu\boldsymbol{b}$ 为邻边的平行四边形的对角线向量，因此 $\boldsymbol{c}$ 与 $\lambda\boldsymbol{a}$ 与 $\mu\boldsymbol{b}$ 共面，又因为 $\lambda\boldsymbol{a}\parallel\boldsymbol{a}$，$\mu\boldsymbol{b}\parallel\boldsymbol{b}$，所以 $\boldsymbol{c}$ 与 $\boldsymbol{a}$ 与 $\boldsymbol{b}$ 共面.

再证明 λ，μ 被 $\boldsymbol{a}$，$\boldsymbol{b}$，$\boldsymbol{c}$ 唯一确定. 若还存在 λ'，μ' 使得

$$\boldsymbol{c}=\lambda'\boldsymbol{a}+\mu'\boldsymbol{b},$$

则有

$$\lambda'\boldsymbol{a}+\mu'\boldsymbol{b}=\lambda\boldsymbol{a}+\mu\boldsymbol{b},$$

从而

$$(\lambda'-\lambda)\boldsymbol{a}+(\mu'-\mu)\boldsymbol{b}=\boldsymbol{0}.$$

若 $\lambda'\neq\lambda$，将有

$$\boldsymbol{a}=\frac{\mu'-\mu}{\lambda-\lambda'}\boldsymbol{b},$$

由此得 $\boldsymbol{a}\,/\!/\,\boldsymbol{b}$,这与定理假设矛盾,所以 $\lambda'=\lambda$,同理 $\mu'=\mu$,因此 λ,μ 被 $\boldsymbol{a},\boldsymbol{b},\boldsymbol{c}$ 唯一确定.

将定理 1.4.3 推广,使 $\boldsymbol{a},\boldsymbol{b},\boldsymbol{c}$ 的地位对等,则有下述定理.

定理 1.4.4 三个向量 $\boldsymbol{a},\boldsymbol{b},\boldsymbol{c}$ 共面的充要条件是:存在不全为零的实数 λ,μ,ν,使得

$$\lambda\boldsymbol{a}+\mu\boldsymbol{b}+\nu\boldsymbol{c}=\boldsymbol{0}. \tag{1.4-4}$$

证 必要性:设 $\boldsymbol{a},\boldsymbol{b},\boldsymbol{c}$ 共面,若 $\boldsymbol{a},\boldsymbol{b}$ 共线,则根据定理 1.4.2,存在不全为零的实数 λ,μ 使得 $\lambda\boldsymbol{a}+\mu\boldsymbol{b}=\boldsymbol{0}$,从而有

$$\lambda\boldsymbol{a}+\mu\boldsymbol{b}+0\boldsymbol{c}=\boldsymbol{0}.$$

若 $\boldsymbol{a},\boldsymbol{b}$ 不共线,则根据定理 1.4.3,有实数 λ,μ 使得 $\boldsymbol{c}=\lambda\boldsymbol{a}+\mu\boldsymbol{b}$,从而有

$$\lambda\boldsymbol{a}+\mu\boldsymbol{b}+(-1)\boldsymbol{c}=\boldsymbol{0}.$$

充分性:若 $\lambda\boldsymbol{a}+\mu\boldsymbol{b}+\nu\boldsymbol{c}=\boldsymbol{0}$,其中 λ,μ,ν 不全为零,不妨设 $\lambda\neq0$,则有

$$\boldsymbol{a}=-\frac{\mu}{\lambda}\boldsymbol{b}-\frac{\nu}{\lambda}\boldsymbol{c}.$$

若 $\boldsymbol{b},\boldsymbol{c}$ 不共线,由定理 1.4.3 知 $\boldsymbol{a},\boldsymbol{b},\boldsymbol{c}$ 共面;若 $\boldsymbol{b},\boldsymbol{c}$ 共线,则由推论 1.1.2 知 $\boldsymbol{a},\boldsymbol{b},\boldsymbol{c}$ 共面.

例 1.4.1 设 A,B,C 三点关于点 O 的位置向量 $\boldsymbol{OA},\boldsymbol{OB},\boldsymbol{OC}$ 满足 $5\boldsymbol{OA}-3\boldsymbol{OB}-2\boldsymbol{OC}=\boldsymbol{0}$,试证:$A,B,C$ 三点共线.

证 要证 A,B,C 三点共线,只要证 $\boldsymbol{AB}\,/\!/\,\boldsymbol{AC}$,为此将题设条件:

$$5\boldsymbol{OA}-3\boldsymbol{OB}-2\boldsymbol{OC}=\boldsymbol{0}$$

改写成
$$3(\boldsymbol{OB}-\boldsymbol{OA})+2(\boldsymbol{OC}-\boldsymbol{OA})=\boldsymbol{0},$$

上式即
$$3\boldsymbol{AB}+2\boldsymbol{AC}=\boldsymbol{0}.$$

从而由定理 1.4.2 知 $\boldsymbol{AB}\,/\!/\,\boldsymbol{AC}$,因此 A,B,C 三点共线.

例 1.4.2 设四面体 $ABCD$ 中,对棱 AC,BD 的中点分别为 M,N,试证 $\boldsymbol{AB},\boldsymbol{CD},\boldsymbol{MN}$ 三个向量共面.

本题结论在例 1.1.2 中,我们曾根据向量共面的定义直接给出证明,现在用向量共面的判定条件证明:

证 如图 1.4.2,由 M,N 分别为 AC,BD 的中点知

$$\boldsymbol{MA}+\boldsymbol{MC}=\boldsymbol{0},\quad \boldsymbol{BN}+\boldsymbol{DN}=\boldsymbol{0}, \tag{1}$$

又根据向量求和的多边形法则有

$$\boldsymbol{MN}=\boldsymbol{MA}+\boldsymbol{AB}+\boldsymbol{BN}, \tag{2}$$

$$\boldsymbol{MN}=\boldsymbol{MC}+\boldsymbol{CD}+\boldsymbol{DN}, \tag{3}$$

由(2)+(3)并用(1)即得

$$2\boldsymbol{MN}=\boldsymbol{AB}+\boldsymbol{CD},$$

即

$$\boldsymbol{AB}+\boldsymbol{CD}-2\boldsymbol{MN}=\boldsymbol{0}.$$

因此由定理 1.4.4 知 $\boldsymbol{AB},\boldsymbol{CD},\boldsymbol{MN}$ 三向量共面.

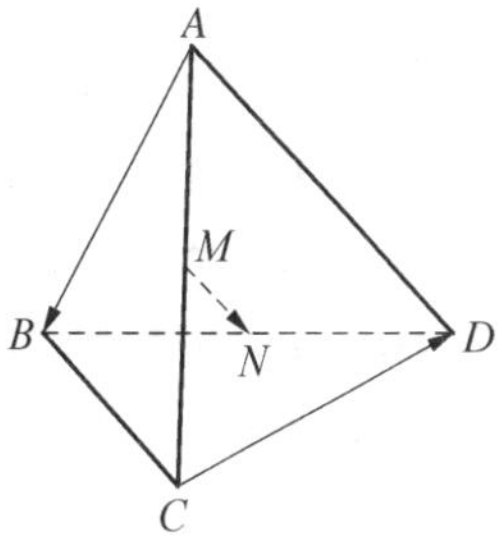

图 1.4.2

1.4.2　向量的分解

定义 1.4.1　由向量 $\boldsymbol{a}_1,\boldsymbol{a}_2,\cdots,\boldsymbol{a}_n$ 与数量 $\lambda_1,\lambda_2,\cdots,\lambda_n$ 所组成的向量

$$\lambda_1\boldsymbol{a}_1+\lambda_2\boldsymbol{a}_2+\cdots+\lambda_n\boldsymbol{a}_n,$$

称为向量 $\boldsymbol{a}_1,\boldsymbol{a}_2,\cdots,\boldsymbol{a}_n$ 的**线性组合**.

当向量 $\boldsymbol{a}$ 是向量 $\boldsymbol{a}_1,\boldsymbol{a}_2,\cdots,\boldsymbol{a}_n$ 的线性组合，即

$$\boldsymbol{a}=\lambda_1\boldsymbol{a}_1+\lambda_2\boldsymbol{a}_2+\cdots+\lambda_n\boldsymbol{a}_n$$

时，我们称 $\boldsymbol{a}$ 可以分解成向量 $\boldsymbol{a}_1,\boldsymbol{a}_2,\cdots,\boldsymbol{a}_n$ 的线性组合，或称向量 $\boldsymbol{a}$ 可以用向量 $\boldsymbol{a}_1,\boldsymbol{a}_2,\cdots,\boldsymbol{a}_n$ 线性表示.

必须指出，定理 1.4.3 不仅给出了三个向量共面的判定条件(1.4－3)，而且根据定义 1.4.1，它有着另一层重要的几何意义，这就是：

定理 1.4.3 表明：若给定两个不共线的向量 $\boldsymbol{a}$ 与 $\boldsymbol{b}$，则与 $\boldsymbol{a},\boldsymbol{b}$ 共面的任一向量 $\boldsymbol{c}$ 总可以分解成向量 $\boldsymbol{a}$ 与 $\boldsymbol{b}$ 的线性组合

$$\boldsymbol{c}=\lambda\boldsymbol{a}+\mu\boldsymbol{b}.$$

当在一平面上选定一对不共线的向量 $\boldsymbol{a},\boldsymbol{b}$，将平面上任何向量关于 $\boldsymbol{a},\boldsymbol{b}$ 进行分解时，我们称 $\boldsymbol{a},\boldsymbol{b}$ 为平面上向量的一对**基本向量**，简称为**基**.

关于空间向量的分解，有下述定理：

定理 1.4.5　设 $\boldsymbol{a},\boldsymbol{b},\boldsymbol{c}$ 三个向量不共面，则对于空间任何向量 $\boldsymbol{d}$ 总可以分解成 $\boldsymbol{a},\boldsymbol{b},\boldsymbol{c}$ 的线性组合，即

$$\boldsymbol{d}=\lambda\boldsymbol{a}+\mu\boldsymbol{b}+\nu\boldsymbol{c}, \tag{1.4－5}$$

其中系数 λ,μ,ν 被 $\boldsymbol{a},\boldsymbol{b},\boldsymbol{c},\boldsymbol{d}$ 唯一确定.

证　因为 $\boldsymbol{a},\boldsymbol{b},\boldsymbol{c}$ 不共面，所以 $\boldsymbol{a}\neq\boldsymbol{0},\boldsymbol{b}\neq\boldsymbol{0},\boldsymbol{c}\neq\boldsymbol{0}$，并且它们彼此不共线.

若 $\boldsymbol{d}$ 与 $\boldsymbol{a},\boldsymbol{b},\boldsymbol{c}$ 中两个向量共面，则易知(1.4－5)成立，例如 $\boldsymbol{d}$ 与 $\boldsymbol{a},\boldsymbol{b}$ 共面，根据定理 1.4.3 则有 $\boldsymbol{d}=\lambda\boldsymbol{a}+\mu\boldsymbol{b}$，从而有

$$\boldsymbol{d}=\lambda\boldsymbol{a}+\mu\boldsymbol{b}+0\boldsymbol{c}.$$

这时式(1.4-5)成立.

若 $\boldsymbol{d}$ 与 $\boldsymbol{a},\boldsymbol{b},\boldsymbol{c}$ 中任何两个向量都不共面，把它们归结到共同的始点 O，使 $\boldsymbol{OA}=\boldsymbol{a},\boldsymbol{OB}=\boldsymbol{b},\boldsymbol{OC}=\boldsymbol{c},\boldsymbol{OD}=\boldsymbol{d}$，再过点 D 作三个平面分别平行于平面 OBC,OCA,OAB，它们与直线 OA，OB,OC 分别交于点 A',B',C'，于是得到以 $\boldsymbol{OA}',\boldsymbol{OB}',\boldsymbol{OC}'$ 为相邻三棱，以 $\boldsymbol{OD}$ 为对角线的平行六面体(图1.4.3)，从而得

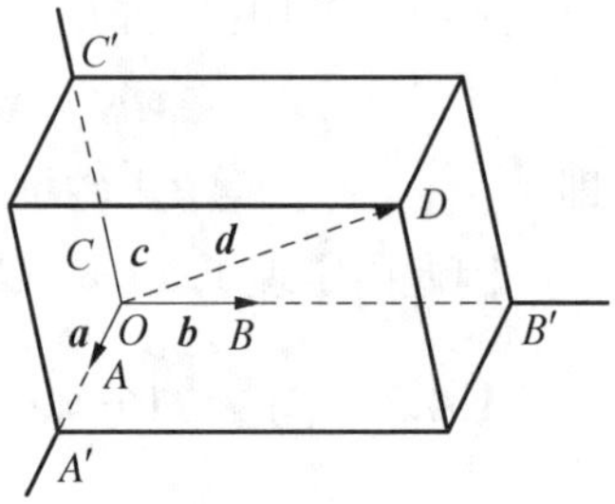

图 1.4.3

$$\boldsymbol{d}=\boldsymbol{OD}=\boldsymbol{OA}'+\boldsymbol{OB}'+\boldsymbol{OC}',$$

又从 $\boldsymbol{OA}'/\!/\boldsymbol{a},\boldsymbol{OB}'/\!/\boldsymbol{b},\boldsymbol{OC}'/\!/\boldsymbol{c}$，根据定理 1.4.1 有 $\boldsymbol{OA}'=\lambda\boldsymbol{a},\boldsymbol{OB}'=\mu\boldsymbol{b},\boldsymbol{OC}'=\nu\boldsymbol{c}$，因此得

$$\boldsymbol{d}=\lambda\boldsymbol{a}+\mu\boldsymbol{b}+\nu\boldsymbol{c},$$

即(1.4-5)成立.

再证系数 λ,μ,ν 被 $\boldsymbol{a},\boldsymbol{b},\boldsymbol{c},\boldsymbol{d}$ 唯一确定，若还存在 λ',μ',ν' 使得

$$\boldsymbol{d}=\lambda'\boldsymbol{a}+\mu'\boldsymbol{b}+\nu'\boldsymbol{c},$$

则有

$$\lambda'\boldsymbol{a}+\mu'\boldsymbol{b}+\nu'\boldsymbol{c}=\lambda\boldsymbol{a}+\mu\boldsymbol{b}+\nu\boldsymbol{c},$$

从而

$$(\lambda'-\lambda)\boldsymbol{a}+(\mu'-\mu)\boldsymbol{b}+(\nu'-\nu)\boldsymbol{c}=\boldsymbol{0},$$

若 $\lambda'\neq\lambda$，则有

$$\boldsymbol{a}=-\frac{\mu'-\mu}{\lambda'-\lambda}\boldsymbol{b}-\frac{\nu'-\nu}{\lambda'-\lambda}\boldsymbol{c}.$$

根据定理 1.4.3 知 $\boldsymbol{a},\boldsymbol{b},\boldsymbol{c}$ 共面，这与定理假设矛盾，所以 $\lambda'=\lambda$，同理 $\mu'=\mu,\nu'=\nu$，因此 λ,μ,ν 被 $\boldsymbol{a},\boldsymbol{b},\boldsymbol{c},\boldsymbol{d}$ 唯一确定.

当在空间选定三个不共面的向量 $\boldsymbol{a},\boldsymbol{b},\boldsymbol{c}$，对空间的任何向量关于 $\boldsymbol{a},\boldsymbol{b},\boldsymbol{c}$ 进行分解时，我们称 $\boldsymbol{a},\boldsymbol{b},\boldsymbol{c}$ 为空间向量的一组**基本向量**，简称为**基**.

例 1.4.3 如图 1.4.4，设△ABC 中，$\boldsymbol{OA}=\boldsymbol{a},\boldsymbol{OB}=\boldsymbol{b}$，$OM=MB,OA=3ON$，$AM$ 与 BN 相交于点 P，试将向量 $\boldsymbol{AM},\boldsymbol{BN},\boldsymbol{OP}$ 分解成基本向量 $\boldsymbol{a}$ 与 $\boldsymbol{b}$ 的线性组合.

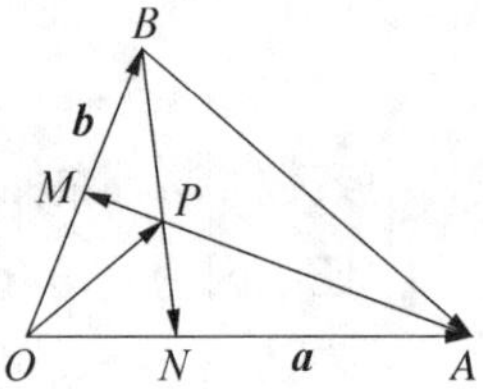

图 1.4.4

解 依条件有

$$\boldsymbol{OM}=\frac{1}{2}\boldsymbol{OB}=\frac{1}{2}\boldsymbol{b},$$

$$\boldsymbol{ON}=\frac{1}{3}\boldsymbol{OA}=\frac{1}{3}\boldsymbol{a},$$

故

$$\boldsymbol{AM}=\boldsymbol{OM}-\boldsymbol{OA}=-\boldsymbol{a}+\frac{1}{2}\boldsymbol{b},$$

$$\boldsymbol{BN}=\boldsymbol{ON}-\boldsymbol{OB}=\frac{1}{3}\boldsymbol{a}-\boldsymbol{b}.$$

再将 $\boldsymbol{OP}$ 关于 $\boldsymbol{a},\boldsymbol{b}$ 分解，为此设

$$\boldsymbol{AP}=\lambda\boldsymbol{PM},$$
$$\boldsymbol{NP}=\mu\boldsymbol{PB},$$

则根据公式(1.3-10)有

$$\boldsymbol{OP}=\frac{\boldsymbol{OA}+\lambda\boldsymbol{OM}}{1+\lambda}=\frac{\boldsymbol{a}+\frac{\lambda}{2}\boldsymbol{b}}{1+\lambda}=\frac{1}{1+\lambda}\boldsymbol{a}+\frac{\lambda}{2(1+\lambda)}\boldsymbol{b}, \tag{1}$$

$$\boldsymbol{OP}=\frac{\boldsymbol{ON}+\mu\boldsymbol{OB}}{1+\mu}=\frac{\frac{1}{3}\boldsymbol{a}+\mu\boldsymbol{b}}{1+\mu}=\frac{1}{3(1+\mu)}\boldsymbol{a}+\frac{\mu}{1+\mu}\boldsymbol{b}, \tag{2}$$

根据定理 1.4-3，由 $\boldsymbol{OP}$ 关于 $\boldsymbol{a},\boldsymbol{b}$ 分解的唯一性，由(1)，(2)比较得

$$\begin{cases}\dfrac{1}{1+\lambda}=\dfrac{1}{3(1+\mu)}, & (3)\\[2ex] \dfrac{\lambda}{2(1+\lambda)}=\dfrac{\mu}{1+\mu}; & (4)\end{cases}$$

由(3)，(4)解得

$$\lambda=4,\ \mu=\frac{2}{3}.$$

将 $\lambda=4$ 代入(1)，或将 $\mu=\frac{2}{3}$ 代入(2)即得

$$\boldsymbol{OP}=\frac{1}{5}\boldsymbol{a}+\frac{2}{5}\boldsymbol{b}.$$

例 1.4.4 如图 1.4.5，已知 OD 是以 $\boldsymbol{OA},\boldsymbol{OB},\boldsymbol{OC}$ 为相邻三棱的平行六面体的对角线，OD 与平面(ABC)交于点 M，设 $\boldsymbol{OA}=\boldsymbol{a},\boldsymbol{OB}=\boldsymbol{b},\boldsymbol{OC}=\boldsymbol{c}$，试将向量 $\boldsymbol{OM}$ 分解成基本向量 $\boldsymbol{a},\boldsymbol{b},\boldsymbol{c}$ 的线性组合，并指出它的几何意义.

解 因为 $\boldsymbol{OD}$ 是以 $\boldsymbol{OA},\boldsymbol{OB},\boldsymbol{OC}$ 为相邻三棱的平行六面体的对角线向量，

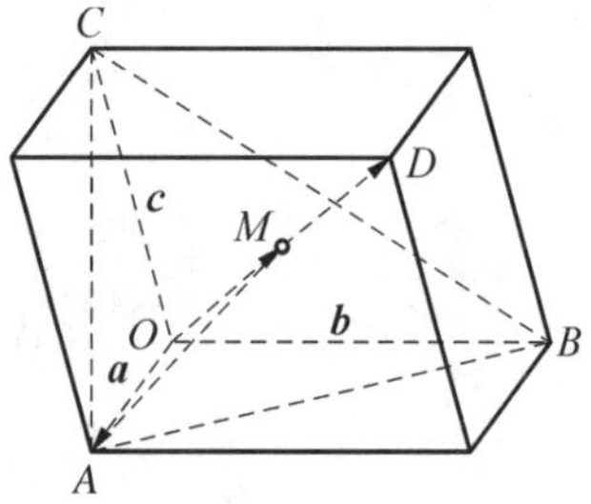

图 1.4.5

所以有

$$\begin{aligned}\boldsymbol{OD}&=\boldsymbol{OA}+\boldsymbol{OB}+\boldsymbol{OC}\\&=\boldsymbol{a}+\boldsymbol{b}+\boldsymbol{c}.\end{aligned}$$

由于 $\boldsymbol{OM}/\!/\boldsymbol{OD}$,可设

$$\boldsymbol{OM}=\lambda\boldsymbol{OD}=\lambda(\boldsymbol{a}+\boldsymbol{b}+\boldsymbol{c}),\qquad(1)$$

于是有

$$\boldsymbol{AM}=\boldsymbol{OM}-\boldsymbol{OA}=(\lambda-1)\boldsymbol{a}+\lambda\boldsymbol{b}+\lambda\boldsymbol{c},\qquad(2)$$

$$\boldsymbol{AB}=\boldsymbol{OB}-\boldsymbol{OA}=\boldsymbol{b}-\boldsymbol{a},$$

$$\boldsymbol{AC}=\boldsymbol{OC}-\boldsymbol{OA}=\boldsymbol{c}-\boldsymbol{a},$$

因为 $\boldsymbol{AM},\boldsymbol{AB},\boldsymbol{AC}$ 共面,且 $\boldsymbol{AB}\not\parallel\boldsymbol{AC}$,根据定理 1.4.3 有

$$\boldsymbol{AM}=x\boldsymbol{AB}+y\boldsymbol{AC}=x(\boldsymbol{b}-\boldsymbol{a})+y(\boldsymbol{c}-\boldsymbol{a}),$$

即

$$\boldsymbol{AM}=-(x+y)\boldsymbol{a}+x\boldsymbol{b}+y\boldsymbol{c},\qquad(3)$$

根据定理 1.4.5,由 $\boldsymbol{AM}$ 关于 $\boldsymbol{a},\boldsymbol{b},\boldsymbol{c}$ 分解的唯一性,比较(2),(3)得

$$\begin{cases}x+y=1-\lambda\\x=\lambda\\y=\lambda\end{cases}$$

由此解得 $\lambda=\dfrac{1}{3}$,将它代入(1)即得

$$\boldsymbol{OM}=\frac{1}{3}(\boldsymbol{a}+\boldsymbol{b}+\boldsymbol{c}),$$

即

$$\boldsymbol{OM}=\frac{1}{3}(\boldsymbol{OA}+\boldsymbol{OB}+\boldsymbol{OC}).$$

根据推论 1.3.4,上式表明:点 M 是$\triangle ABC$ 的重心.

习题 1.4

1. 已知三点 A,B,C 关于点 O 的位置向量 $\boldsymbol{OA},\boldsymbol{OB},\boldsymbol{OC}$ 满足:

$$\boldsymbol{OC}=\frac{1}{4}\boldsymbol{OA}+\frac{3}{4}\boldsymbol{OB},$$

试证 A,B,C 三点共线.

2. 已知 A,B,C,D 四点关于点 O 的位置向量 $\boldsymbol{OA},\boldsymbol{OB},\boldsymbol{OC},\boldsymbol{OD}$ 满足:

$$6\boldsymbol{OA}-3\boldsymbol{OB}-2\boldsymbol{OC}-\boldsymbol{OD}=\boldsymbol{0},$$

试证 A,B,C,D 四点共面.

3. 已知$\triangle OAB$中,$\boldsymbol{OA}=\boldsymbol{a}$,$\boldsymbol{OB}=\boldsymbol{b}$,$\boldsymbol{AM}=\boldsymbol{MB}$,$\boldsymbol{ON}=2\boldsymbol{NA}$,$OM$ 与 BN 相交于点 P,试将向量 $\boldsymbol{MN}$,$\boldsymbol{OP}$ 分解成向量 $\boldsymbol{a}$,$\boldsymbol{b}$ 的线性组合.

4. 已知四面体 $OABC$ 中,$\boldsymbol{OA}=\boldsymbol{a}$,$\boldsymbol{OB}=\boldsymbol{b}$,$\boldsymbol{OC}=\boldsymbol{c}$,$M$,$N$ 分别为对棱 OA,BC 的中点,试将向量 $\boldsymbol{MN}$ 分解成 $\boldsymbol{a}$,$\boldsymbol{b}$,$\boldsymbol{c}$ 的线性组合.

5. 已知梯形 $ABCD$ 中,$AB/\!/DC$,E 和 F 分别为对角线 AC 和 BD 的中点,试用向量法证明 $EF/\!/AB$.

6. 设 $\boldsymbol{OP}_i=\boldsymbol{r}_i(i=1,2,3)$,试证 P_1,P_2,P_3 三点共线的充要条件是:存在不全为零的实数 λ_1,λ_2,λ_3 使得

$$\lambda_1\boldsymbol{r}_1+\lambda_2\boldsymbol{r}_2+\lambda_3\boldsymbol{r}_3=\boldsymbol{0},$$

且

$$\lambda_1+\lambda_2+\lambda_3=0.$$

1.5　向量的内积

1.5.1　向量的射影

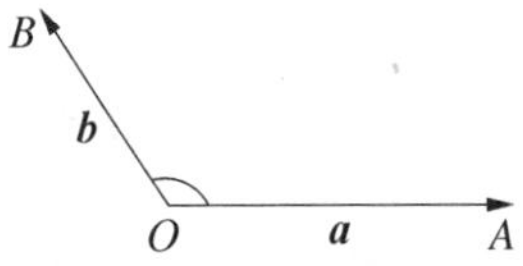

图 1.5.1

定义 1.5.1　设 $\boldsymbol{a}$,$\boldsymbol{b}$ 是两个非零向量,自空间任意点 O 作 $\boldsymbol{OA}=\boldsymbol{a}$,$\boldsymbol{OB}=\boldsymbol{b}$(图 1.5.1),则将以射线 OA 与 OB 为边,角度在区间$[0,\pi]$上的角称为**向量 $\boldsymbol{a}$ 与 $\boldsymbol{b}$ 的夹角**,记作$\angle(\boldsymbol{a},\boldsymbol{b})$.

按定义,若 $\boldsymbol{a}$ 与 $\boldsymbol{b}$ 同向,则$\angle(\boldsymbol{a},\boldsymbol{b})=0$;若 $\boldsymbol{a}$ 与 $\boldsymbol{b}$ 反向,则$\angle(\boldsymbol{a},\boldsymbol{b})=\pi$;若 $\boldsymbol{a}$ 与 $\boldsymbol{b}$ 不共线,则 $0<\angle(\boldsymbol{a},\boldsymbol{b})<\pi$.

特别当 $\boldsymbol{a}$,$\boldsymbol{b}$ 的夹角$\angle(\boldsymbol{a},\boldsymbol{b})=\dfrac{\pi}{2}$时,称向量 $\boldsymbol{a}$ 与 $\boldsymbol{b}$ 互相垂直,记作 $\boldsymbol{a}\perp\boldsymbol{b}$.

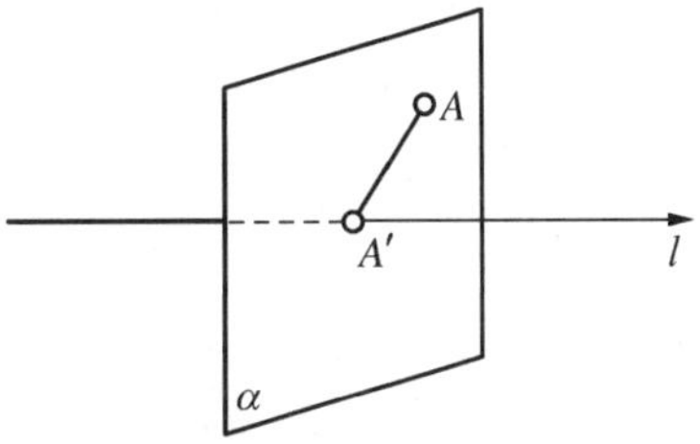

图 1.5.2

对于空间的一点 A 与一轴 l(图 1.5.2),我们将过点 A 所作垂直于轴 l 的平面 α 与轴 l 的交点 A'称为点 A 在轴 l 上的**射影**.

定义 1.5.2 设向量 $\boldsymbol{AB}$ 的始点 A 与终点 B 在轴 l 上的射影分别为 A' 与 B'(图 1.5.3),则称有向线段$\overline{A'B'}$在轴 l 上的值 $A'B'$ 为向量 $\boldsymbol{AB}$ 在轴 l 上的**射影**,记作

$$射影_l\boldsymbol{AB}=A'B'.$$

如图 1.5.3,设轴 l 上与轴 l 同向的非零向量 $\boldsymbol{c}$ 与向量 $\boldsymbol{AB}$ 的夹角为$\angle(\boldsymbol{C},\boldsymbol{AB})$,我们将$\angle(\boldsymbol{C},\boldsymbol{AB})$称为向量 $\boldsymbol{AB}$ 与轴 l 的夹角,记作$\angle(l,\boldsymbol{AB})$.

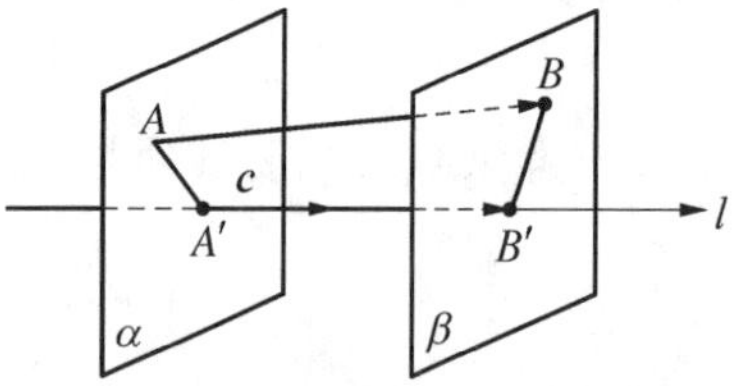

图 1.5.3

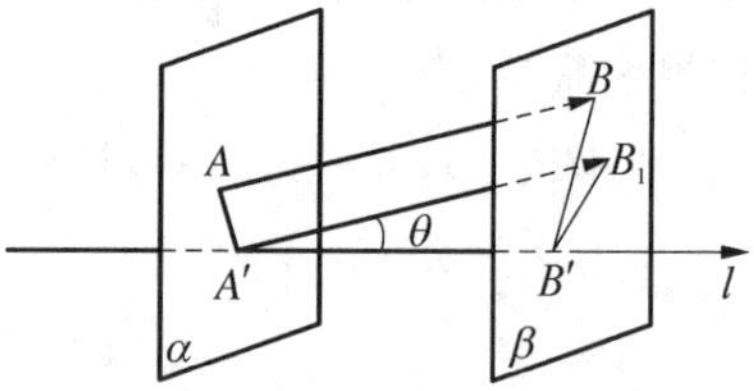

图 1.5.4

定理 1.5.1 设向量 $\boldsymbol{AB}$ 与轴 l 的夹角为 θ,即$\angle(l,\boldsymbol{AB})=\theta$(图1.5.4),则

$$射影_l\boldsymbol{AB}=|\boldsymbol{AB}|\cos\theta. \tag{1.5-1}$$

证 当 $\theta=\frac{\pi}{2}$时,定理显然成立.当 $\theta\neq\frac{\pi}{2}$时,如图 1.5-4 所示,过 A,B 两点分别作垂直于轴 l 的平面 α,β,它们与轴 l 的交点分别为 A',B',再过 A'作 AB 的平行线交平面 β 于 B_1,则 $\boldsymbol{A'B_1}=\boldsymbol{AB}$,$\angle(l,\boldsymbol{A'B_1})=\theta$,且 $B_1B'\perp l$,于是:

(1) 当 $0\leqslant\theta<\frac{\pi}{2}$时,$\boldsymbol{A'B'}$与轴 l 同向,从而有

$$射影_l\boldsymbol{AB}=A'B'=|\boldsymbol{A'B'}|=|\boldsymbol{A'B_1}|\cos\theta=|\boldsymbol{AB}|\cos\theta;$$

(2) 当$\frac{\pi}{2}<\theta\leqslant\pi$ 时,$\boldsymbol{A'B'}$与轴 l 反向,从而有

$$射影_l\boldsymbol{AB}=A'B'=-|\boldsymbol{A'B'}|=-|\boldsymbol{A'}B_1|\cos(\pi-\theta)=|\boldsymbol{AB}|\cos\theta.$$

所以(1.5-1)成立.

推论 1.5.1 若 $\boldsymbol{a}=\boldsymbol{b}$,则射影$_l\boldsymbol{a}$=射影$_l\boldsymbol{b}$.

定理 1.5.2 对于任何向量 $\boldsymbol{a},\boldsymbol{b}$ 与任意实数 λ,有

(1) $射影_l(\boldsymbol{a}+\boldsymbol{b})=射影_l\boldsymbol{a}+射影_l\boldsymbol{b}$, (1.5-2)

(2) $射影_l(\lambda\boldsymbol{a})=\lambda\ 射影_l\boldsymbol{a}$. (1.5-3)

证 先证(1.5-2).

如图 1.5.5,设 $\boldsymbol{AB}=\boldsymbol{a}$,$\boldsymbol{BC}=\boldsymbol{b}$,则 $\boldsymbol{AC}=\boldsymbol{a}+\boldsymbol{b}$.

又设 A', B', C' 分别是 A, B, C 在轴 l 上的射影，则有射影$_l\boldsymbol{a}=A'B'$，射影$_l\boldsymbol{b}=B'C'$，射影$_l(\boldsymbol{a}+\boldsymbol{b})=$射影$_l\boldsymbol{AC}=A'C'$，并且

$$A'C'=A'B'+B'C',$$

从而，射影$_l(\boldsymbol{a}+\boldsymbol{b})=$射影$_l\boldsymbol{a}+$射影$_l\boldsymbol{b}$，所以(1.5－2)成立.

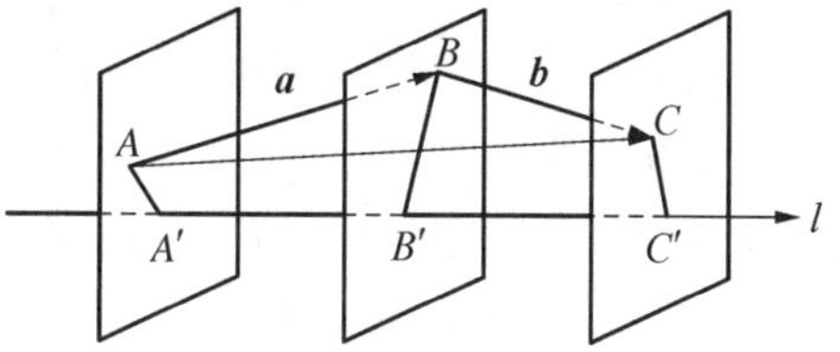

图 1.5.5

再证(1.5－3).

若 $\lambda=0$，或 $\boldsymbol{a}=\boldsymbol{0}$，则(1.5－3)显然成立.

设 $\lambda\neq 0$，$\boldsymbol{a}\neq\boldsymbol{0}$，根据定理 1.5.1 有

射影$_l(\lambda\boldsymbol{a})=|\lambda\boldsymbol{a}|\cos\angle(l,\lambda\boldsymbol{a})=|\lambda||\boldsymbol{a}|\cos\angle(l,\lambda\boldsymbol{a})$，

从而当 $\lambda>0$ 时，$\angle(l,\lambda\boldsymbol{a})=\angle(l,\boldsymbol{a})$，

射影$_l(\lambda\boldsymbol{a})=\lambda|\boldsymbol{a}|\cos\angle(l,\boldsymbol{a})=\lambda$ 射影$_l\boldsymbol{a}$；

当 $\lambda<0$ 时，$\angle(l,\lambda\boldsymbol{a})=\pi-\angle(l,\boldsymbol{a})$，

射影$_l(\lambda\boldsymbol{a})=-\lambda|\boldsymbol{a}|\cos(\pi-\angle(l,\boldsymbol{a}))=\lambda|\boldsymbol{a}|\cos\angle(l,\boldsymbol{a})$

$=\lambda$ 射影$_l\boldsymbol{a}$，

因此(1.5－3)成立.

定义 1.5.3 设向量 $\boldsymbol{a}$ 在非零向量 $\boldsymbol{c}$ 所在的与 $\boldsymbol{c}$ 同向的轴 l 上的射影为射影$_l\boldsymbol{a}$，则称射影$_l\boldsymbol{a}$ 为向量 $\boldsymbol{a}$ 在向量 $\boldsymbol{c}$ 上的**射影**，记作射影$_c\boldsymbol{a}$，即

$$\text{射影}_c\boldsymbol{a}=\text{射影}_l\boldsymbol{a}. \tag{1.5－4}$$

由定义 1.5.3，定理 1.5.1 与定理 1.5.2 可得：

推论 1.5.2 设 $\boldsymbol{c}$ 为非零向量，则对任何向量 $\boldsymbol{a}$, $\boldsymbol{b}$ 与任意实数 λ 有

(1) 射影$_c\boldsymbol{a}=|\boldsymbol{a}|\cos\angle(\boldsymbol{a},\boldsymbol{c})$； (1.5－5)

(2) 射影$_c(\boldsymbol{a}+\boldsymbol{b})=$射影$_c\boldsymbol{a}+$射影$_c\boldsymbol{b}$； (1.5－6)

(3) 射影$_c(\lambda\boldsymbol{a})=\lambda$ 射影$_c\boldsymbol{a}$. (1.5－7)

1.5.2 向量的内积

在物理学中，我们知道一个质点在力 $\boldsymbol{f}$ 的作用下，经过位移 $\boldsymbol{PP'}=\boldsymbol{s}$，这个力所做的功为

$$W=|\boldsymbol{f}||\boldsymbol{s}|\cos\theta,$$

其中 θ 为 $\boldsymbol{f}$ 与 $\boldsymbol{s}$ 的夹角(图 1.5.6).这里的功 W 是由向量 $\boldsymbol{f}$ 与 $\boldsymbol{s}$ 按上式确定的

一个数量.

由此一般地,我们引进向量内积的定义.

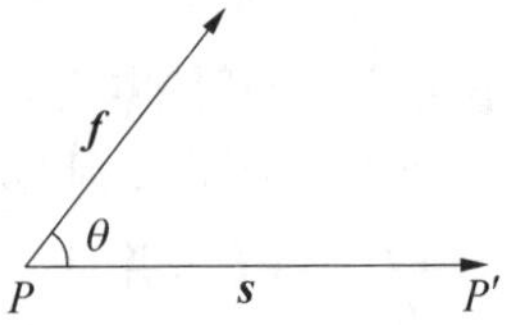

图 1.5.6

定义 1.5.4 两个向量 $\boldsymbol{a}$ 与 $\boldsymbol{b}$ 的模和它们的夹角余弦的乘积称为向量 $\boldsymbol{a}$ 与 $\boldsymbol{b}$ 的**内积**,也称**点积**,或称**数量积**,记作 $\boldsymbol{a}\cdot\boldsymbol{b}$ 或 $\boldsymbol{ab}$,即

$$\boldsymbol{a}\cdot\boldsymbol{b}=|\boldsymbol{a}||\boldsymbol{b}|\cos\angle(\boldsymbol{a},\boldsymbol{b}). \tag{1.5-8}$$

向量的内积是一个数量而不是向量.

根据向量内积的定义,力 $\boldsymbol{f}$ 所做的功可简单地表示成 $W=\boldsymbol{f}\cdot\boldsymbol{s}$.

应用向量的内积可解决有关长度、角度、射影等几何问题.

根据(1.5-8),向量 $\boldsymbol{a}$ 与自身的内积为

$$\boldsymbol{a}\cdot\boldsymbol{a}=|\boldsymbol{a}|^2,$$

我们将内积 $\boldsymbol{a}\cdot\boldsymbol{a}$ 称为向量 $\boldsymbol{a}$ 的**数量平方**,记作 $\boldsymbol{a}^2$,由此得

推论 1.5.3 对任何向量 $\boldsymbol{a}$ 有

$$\boldsymbol{a}^2=\boldsymbol{a}\cdot\boldsymbol{a}=|\boldsymbol{a}|^2 \tag{1.5-9}$$

或

$$|\boldsymbol{a}|=\sqrt{\boldsymbol{a}\cdot\boldsymbol{a}}=\sqrt{\boldsymbol{a}^2}. \tag{1.5-9′}$$

推论 1.5.4 对任何非零向量 $\boldsymbol{a},\boldsymbol{b}$ 有:

(1) $\boldsymbol{a}\cdot\boldsymbol{b}=|\boldsymbol{a}|\text{射影}_{\boldsymbol{a}}\boldsymbol{b}=|\boldsymbol{b}|\text{射影}_{\boldsymbol{b}}\boldsymbol{a}$; (1.5-10)

(2) $\text{射影}_{\boldsymbol{b}}\boldsymbol{a}=\boldsymbol{a}\cdot\boldsymbol{b}^0$. (1.5-11)

其中 $\boldsymbol{b}^0$ 为 $\boldsymbol{b}$ 的单位向量.

证 根据(1.5-5)有

$$\text{射影}_{\boldsymbol{a}}\boldsymbol{b}=|\boldsymbol{b}|\cos\angle(\boldsymbol{a},\boldsymbol{b}),$$
$$\text{射影}_{\boldsymbol{b}}\boldsymbol{a}=|\boldsymbol{a}|\cos\angle(\boldsymbol{a},\boldsymbol{b}),$$

所以由(1.5-8)立即可得

$$\boldsymbol{a}\cdot\boldsymbol{b}=|\boldsymbol{a}|\text{射影}_{\boldsymbol{a}}\boldsymbol{b}=|\boldsymbol{b}|\text{射影}_{\boldsymbol{b}}\boldsymbol{a},\text{即(1.5-10)成立.}$$

特别地, $\boldsymbol{a}\cdot\boldsymbol{b}^0=|\boldsymbol{b}^0|\text{射影}_{\boldsymbol{b}^0}\boldsymbol{a}=\text{射影}_{\boldsymbol{b}^0}\boldsymbol{a}=\text{射影}_{\boldsymbol{b}}\boldsymbol{a}$,

即(1.5-11)成立.

根据(1.5-8),还可得:

推论 1.5.5 对任何非零向量 $\boldsymbol{a},\boldsymbol{b}$ 有

$$\cos\angle(\boldsymbol{a},\boldsymbol{b})=\frac{\boldsymbol{a}\cdot\boldsymbol{b}}{|\boldsymbol{a}||\boldsymbol{b}|}. \tag{1.5-12}$$

由此可推知判别两向量垂直的条件.

定理 1.5.3　两个向量 $\boldsymbol{a}$ 与 $\boldsymbol{b}$ 互相垂直的充要条件是

$$\boldsymbol{a}\cdot\boldsymbol{b}=\boldsymbol{0}.$$

证　若 $\boldsymbol{a}\neq\boldsymbol{0},\boldsymbol{b}\neq\boldsymbol{0}$,则由(1.5－12)可知,$\boldsymbol{a}\perp\boldsymbol{b}$ 的充要条件是 $\boldsymbol{a}\cdot\boldsymbol{b}=0$;若 $\boldsymbol{a},\boldsymbol{b}$ 中有零向量,不妨设 $\boldsymbol{a}=\boldsymbol{0}$,因为零向量方向不确定,可以看成与任何向量垂直,这时 $\boldsymbol{a}\perp\boldsymbol{b}$ 与 $\boldsymbol{a}\cdot\boldsymbol{b}=0$ 同时成立,定理仍然成立.

必须注意,由定理 1.5.3 可知,从 $\boldsymbol{a}\cdot\boldsymbol{b}=0$ 不一定能推出:$\boldsymbol{a}=\boldsymbol{0}$或者 $\boldsymbol{b}=\boldsymbol{0}$.这与两数乘积不同.

下面讨论向量内积的运算规律.

定理 1.5.4　向量的内积满足下面的运算规律:

(1) 交换律　$\boldsymbol{a}\cdot\boldsymbol{b}=\boldsymbol{b}\cdot\boldsymbol{a}$;　(1.5－13)

(2) 关于数因子的结合律

$$(\lambda\boldsymbol{a})\cdot\boldsymbol{b}=\lambda(\boldsymbol{a}\cdot\boldsymbol{b})=\boldsymbol{a}\cdot(\lambda\boldsymbol{b});\qquad(1.5-14)$$

(3) 分配律　$(\boldsymbol{a}+\boldsymbol{b})\cdot\boldsymbol{c}=\boldsymbol{a}\cdot\boldsymbol{c}+\boldsymbol{b}\cdot\boldsymbol{c}$.　(1.5－15)

证　公式(1.5－13),(1.5－14),(1.5－15)中若有零向量,则它们显然成立.下面的证明,假设 $\boldsymbol{a},\boldsymbol{b},\boldsymbol{c}$ 都是非零向量.

(1) $\boldsymbol{a}\cdot\boldsymbol{b}=|\boldsymbol{a}||\boldsymbol{b}|\cos\angle(\boldsymbol{a},\boldsymbol{b})=|\boldsymbol{b}||\boldsymbol{a}|\cos\angle(\boldsymbol{b},\boldsymbol{a})=\boldsymbol{b}\cdot\boldsymbol{a}$.

(2) 若 $\lambda=0$,(1.5－14)显然成立;若 $\lambda\neq0$,则根据(1.5－10),(1.5－7)有

$$\begin{aligned}(\lambda\boldsymbol{a})\cdot\boldsymbol{b}&=|\boldsymbol{b}|\text{射影}_{\boldsymbol{b}}(\lambda\boldsymbol{a})=|\boldsymbol{b}|(\lambda\ \text{射影}_{\boldsymbol{b}}\boldsymbol{a})\\&=\lambda(|\boldsymbol{b}|\text{射影}_{\boldsymbol{b}}\boldsymbol{a})=\lambda(\boldsymbol{a}\cdot\boldsymbol{b}),\end{aligned}$$

而

$$\boldsymbol{a}\cdot(\lambda\boldsymbol{b})=(\lambda\boldsymbol{b})\cdot\boldsymbol{a}=\lambda(\boldsymbol{b}\cdot\boldsymbol{a})=\lambda(\boldsymbol{a}\cdot\boldsymbol{b}),$$

所以(1.5－14)成立.

(3) 根据(1.5－10),(1.5－6)有

$$\begin{aligned}(\boldsymbol{a}+\boldsymbol{b})\cdot\boldsymbol{c}&=|\boldsymbol{c}|\text{射影}_{\boldsymbol{c}}(\boldsymbol{a}+\boldsymbol{b})\\&=|\boldsymbol{c}|(\text{射影}_{\boldsymbol{c}}\boldsymbol{a}+\text{射影}_{\boldsymbol{c}}\boldsymbol{b})\\&=|\boldsymbol{c}|\text{射影}_{\boldsymbol{c}}\boldsymbol{a}+|\boldsymbol{c}|\text{射影}_{\boldsymbol{c}}\boldsymbol{b}=\boldsymbol{a}\cdot\boldsymbol{c}+\boldsymbol{b}\cdot\boldsymbol{c},\end{aligned}$$

所以(1.5－15)成立.

根据向量内积的运算规律,对于向量内积的运算可以像多项式的乘法那样进行.例如下列乘法公式都保持成立:

$$(\boldsymbol{a}+\boldsymbol{b})\cdot(\boldsymbol{a}-\boldsymbol{b})=\boldsymbol{a}^2-\boldsymbol{b}^2,$$

$$(\boldsymbol{a}+\boldsymbol{b})^2=\boldsymbol{a}^2+2\boldsymbol{a}\cdot\boldsymbol{b}+\boldsymbol{b}^2,$$

$$(\boldsymbol{a}+\boldsymbol{b}+\boldsymbol{c})^2=\boldsymbol{a}^2+\boldsymbol{b}^2+\boldsymbol{c}^2+2(\boldsymbol{a}\cdot\boldsymbol{b}+\boldsymbol{b}\cdot\boldsymbol{c}+\boldsymbol{a}\cdot\boldsymbol{c}).$$

例 1.5.1 已知向量 $\boldsymbol{a},\boldsymbol{b},\boldsymbol{c}$ 两两夹角为$\frac{\pi}{3}$，$|\boldsymbol{a}|=2$，$|\boldsymbol{b}|=2$，$|\boldsymbol{c}|=1$，$\boldsymbol{r}=\boldsymbol{a}+\boldsymbol{b}-\boldsymbol{c}$.计算：

(1) $\boldsymbol{r}$ 的长度，

(2) $\boldsymbol{r}$ 与 $\boldsymbol{a}$ 的夹角，

(3) $\boldsymbol{r}$ 在 $\boldsymbol{a}$ 上的射影.

解 应用(1.5-9)，(1.5-8)先计算：

$$\boldsymbol{a}^2=|\boldsymbol{a}|^2=4,\qquad \boldsymbol{a}\cdot\boldsymbol{b}=|\boldsymbol{a}||\boldsymbol{b}|\cos\frac{\pi}{3}=2,$$

$$\boldsymbol{b}^2=|\boldsymbol{b}|^2=4,\qquad \boldsymbol{b}\cdot\boldsymbol{c}=|\boldsymbol{b}||\boldsymbol{c}|\cos\frac{\pi}{3}=1,$$

$$\boldsymbol{c}^2=|\boldsymbol{c}|^2=1,\qquad \boldsymbol{a}\cdot\boldsymbol{c}=|\boldsymbol{a}||\boldsymbol{c}|\cos\frac{\pi}{3}=1,$$

又
$$\begin{aligned}\boldsymbol{r}\cdot\boldsymbol{a}&=(\boldsymbol{a}+\boldsymbol{b}-\boldsymbol{c})\cdot\boldsymbol{a}=\boldsymbol{a}^2+\boldsymbol{a}\cdot\boldsymbol{b}-\boldsymbol{a}\cdot\boldsymbol{c}\\&=4+2-1=5.\end{aligned}$$

从而：

(1) 因为
$$\begin{aligned}\boldsymbol{r}^2&=(\boldsymbol{a}+\boldsymbol{b}-\boldsymbol{c})^2=\boldsymbol{a}^2+\boldsymbol{b}^2+\boldsymbol{c}^2+2(\boldsymbol{a}\cdot\boldsymbol{b}-\boldsymbol{b}\cdot\boldsymbol{c}-\boldsymbol{a}\cdot\boldsymbol{c})\\&=4+4+1+2\times(2-1-1)=9,\end{aligned}$$

所以
$$|\boldsymbol{r}|=\sqrt{\boldsymbol{r}^2}=\sqrt{9}=3.$$

(2) 根据(1.5-12)，

$$\cos\angle(\boldsymbol{r},\boldsymbol{a})=\frac{\boldsymbol{r}\cdot\boldsymbol{a}}{|\boldsymbol{r}||\boldsymbol{a}|}=\frac{5}{3\cdot 2}=\frac{5}{6},$$

故
$$\angle(\boldsymbol{r},\boldsymbol{a})=\arccos\frac{5}{6}.$$

(3) 根据(1.5-10)或(1.5-11)均得

$$\text{射影}_{\boldsymbol{a}}\boldsymbol{r}=\frac{\boldsymbol{r}\cdot\boldsymbol{a}}{|\boldsymbol{a}|}=\frac{5}{2}.$$

或根据(1.5-5)，

$$\text{射影}_{\boldsymbol{a}}\boldsymbol{r}=|\boldsymbol{r}|\cos\angle(\boldsymbol{r},\boldsymbol{a})=3\cdot\frac{5}{6}=\frac{5}{2}.$$

例 1.5.2 设 $\boldsymbol{a},\boldsymbol{b}$ 是非零向量，试求不等式

$$|\boldsymbol{a}+\boldsymbol{b}|>|\boldsymbol{a}-\boldsymbol{b}|$$

成立的充要条件.

解　不等式：

$$|\boldsymbol{a}+\boldsymbol{b}|>|\boldsymbol{a}-\boldsymbol{b}|$$

等价于

$$(\boldsymbol{a}+\boldsymbol{b})^2>(\boldsymbol{a}-\boldsymbol{b})^2. \tag{1}$$

(1)式即

$$\boldsymbol{a}^2+\boldsymbol{b}^2+2\boldsymbol{a}\cdot\boldsymbol{b}>\boldsymbol{a}^2+\boldsymbol{b}^2-2\boldsymbol{a}\cdot\boldsymbol{b},$$

整理得

$$|\boldsymbol{a}||\boldsymbol{b}|\cos\angle(\boldsymbol{a},\boldsymbol{b})>0, \tag{2}$$

因为$|\boldsymbol{a}||\boldsymbol{b}|>0$,(2)式等价于

$$\cos\angle(\boldsymbol{a},\boldsymbol{b})>0. \tag{3}$$

由(3)式可知,原不等式成立的充要条件为

$$\angle(\boldsymbol{a},\boldsymbol{b})\in\left[0,\frac{\pi}{2}\right).$$

例 1.5.3　应用向量法证明三角形的余弦定理.

证　如图 1.5.7 所示,在$\triangle ABC$ 中设

$$\boldsymbol{BC}=\boldsymbol{a},\boldsymbol{AC}=\boldsymbol{b},\boldsymbol{AB}=\boldsymbol{c},$$

且

$$|\boldsymbol{a}|=a,|\boldsymbol{b}|=b,|\boldsymbol{c}|=c.$$

因为

$$\boldsymbol{a}=\boldsymbol{b}-\boldsymbol{c},$$

所以

$$\boldsymbol{a}^2=\boldsymbol{b}^2+\boldsymbol{c}^2-2\boldsymbol{b}\cdot\boldsymbol{c}$$
$$=\boldsymbol{b}^2+\boldsymbol{c}^2-2|\boldsymbol{b}||\boldsymbol{c}|\cos\angle(\boldsymbol{b},\boldsymbol{c}),$$

即

$$a^2=b^2+c^2-2bc\cos\angle A.$$

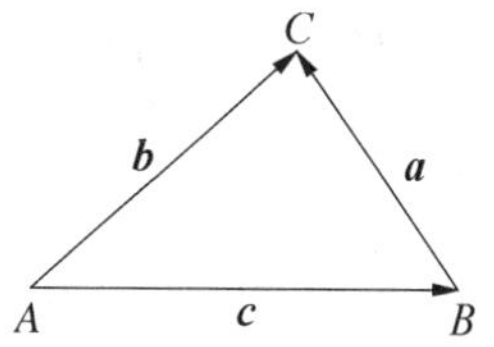

图 1.5.7

例 1.5.4　应用向量法证明三角形的三高交于一点.

证　如图 1.5.8 所示,设$\triangle ABC$ 的 BC,CA 两边上的高交于点 P,须证$PC\perp AB$.为此设

$$\boldsymbol{PA}=\boldsymbol{a},\boldsymbol{PB}=\boldsymbol{b},\boldsymbol{PC}=\boldsymbol{c},$$

于是

$$\boldsymbol{AB}=\boldsymbol{b}-\boldsymbol{a},\boldsymbol{BC}=\boldsymbol{c}-\boldsymbol{b},\boldsymbol{CA}=\boldsymbol{a}-\boldsymbol{c},$$

因为 $\boldsymbol{PA}\perp\boldsymbol{BC},\boldsymbol{PB}\perp\boldsymbol{CA}$,所以有

$$\boldsymbol{a}\cdot(\boldsymbol{c}-\boldsymbol{b})=0\quad 即\quad \boldsymbol{a}\cdot\boldsymbol{c}=\boldsymbol{a}\cdot\boldsymbol{b},$$
$$\boldsymbol{b}\cdot(\boldsymbol{a}-\boldsymbol{c})=0\quad 即\quad \boldsymbol{a}\cdot\boldsymbol{b}=\boldsymbol{b}\cdot\boldsymbol{c},$$

从而

$$\boldsymbol{a}\cdot\boldsymbol{c}=\boldsymbol{b}\cdot\boldsymbol{c}\quad 即\quad \boldsymbol{c}\cdot(\boldsymbol{b}-\boldsymbol{a})=0,$$

所以

$$\boldsymbol{PC}\perp\boldsymbol{AB},$$

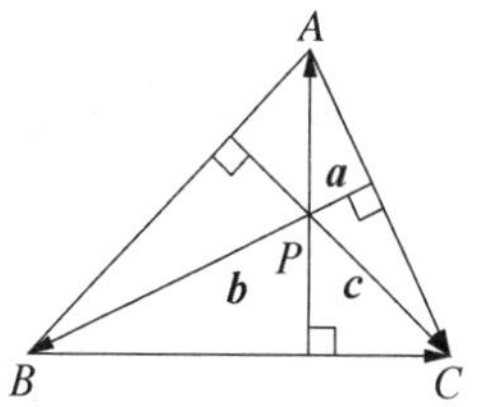

图 1.5.8

即 $$PC \perp AB.$$

这就证明了点 P 在$\triangle ABC$ 第三边 AB 的高线上，因此三角形 ABC 的三高共点.

例 1.5.5 设 $\boldsymbol{a},\boldsymbol{b},\boldsymbol{c}$ 是两两垂直的非零向量，试证明任意向量 $\boldsymbol{d}$ 可表示成

$$\boldsymbol{d}=\frac{\boldsymbol{a}\cdot\boldsymbol{d}}{\boldsymbol{a}^2}\boldsymbol{a}+\frac{\boldsymbol{b}\cdot\boldsymbol{d}}{\boldsymbol{b}^2}\boldsymbol{b}+\frac{\boldsymbol{c}\cdot\boldsymbol{d}}{\boldsymbol{c}^2}\boldsymbol{c}.$$

证 由 $\boldsymbol{a},\boldsymbol{b},\boldsymbol{c}$ 是两两垂直的非零向量知 $\boldsymbol{a},\boldsymbol{b},\boldsymbol{c}$ 不共面，所以根据定理1.4.5可设

$$\boldsymbol{d}=x\boldsymbol{a}+y\boldsymbol{b}+z\boldsymbol{c}, \tag{1}$$

由(1)式两边与 $\boldsymbol{a}$ 作内积得

$$\boldsymbol{a}\cdot\boldsymbol{d}=x(\boldsymbol{a}\cdot\boldsymbol{a})+y(\boldsymbol{a}\cdot\boldsymbol{b})+z(\boldsymbol{a}\cdot\boldsymbol{c}), \tag{2}$$

又依题设条件有

$$\boldsymbol{a}\cdot\boldsymbol{a}=\boldsymbol{a}^2\neq 0,\ \boldsymbol{a}\cdot\boldsymbol{b}=0,\ \boldsymbol{a}\cdot\boldsymbol{c}=0,$$

所以由(2)式可得

$$x=\frac{\boldsymbol{a}\cdot\boldsymbol{d}}{\boldsymbol{a}^2}, \tag{3}$$

同理，由(1)式两边与 $\boldsymbol{b}$ 作内积得

$$y=\frac{\boldsymbol{b}\cdot\boldsymbol{d}}{\boldsymbol{b}^2}, \tag{4}$$

由(1)式两边与 $\boldsymbol{c}$ 作内积得

$$z=\frac{\boldsymbol{c}\cdot\boldsymbol{d}}{\boldsymbol{c}^2}. \tag{5}$$

将(3),(4),(5)代入(1)式即得

$$\boldsymbol{d}=\frac{\boldsymbol{a}\cdot\boldsymbol{d}}{\boldsymbol{a}^2}\boldsymbol{a}+\frac{\boldsymbol{b}\cdot\boldsymbol{d}}{\boldsymbol{b}^2}\boldsymbol{b}+\frac{\boldsymbol{c}\cdot\boldsymbol{d}}{\boldsymbol{c}^2}\boldsymbol{c}.$$

习题 1.5

1. 已知向量 $\boldsymbol{a},\boldsymbol{b}$ 都与 $\boldsymbol{c}$ 垂直，$\boldsymbol{a}$ 与 $\boldsymbol{b}$ 的夹角为$\frac{\pi}{3}$，$|\boldsymbol{a}|=2$，$|\boldsymbol{b}|=2$，$|\boldsymbol{c}|=\sqrt{5}$，又 $\boldsymbol{u}=\boldsymbol{a}+\boldsymbol{c}$，$\boldsymbol{v}=\boldsymbol{b}-\boldsymbol{c}$，试求(1) $|\boldsymbol{u}|$，$|\boldsymbol{v}|$；(2) $\angle(\boldsymbol{u},\boldsymbol{v})$；(3) 射影$_{\boldsymbol{v}}\boldsymbol{u}$.

2. 已知$|\boldsymbol{a}|=2$,$|\boldsymbol{b}|=5$,$\angle(\boldsymbol{a},\boldsymbol{b})=\frac{2}{3}\pi$,$\boldsymbol{p}=3\boldsymbol{a}-\boldsymbol{b}$,$\boldsymbol{q}=\lambda\boldsymbol{a}+17\boldsymbol{b}$,试求$\lambda$值使$\boldsymbol{p}$与$\boldsymbol{q}$垂直.

3. 已知$\boldsymbol{a}+3\boldsymbol{b}$与$7\boldsymbol{a}-5\boldsymbol{b}$垂直,且$\boldsymbol{a}-4\boldsymbol{b}$与$7\boldsymbol{a}-2\boldsymbol{b}$垂直,求$\boldsymbol{a}$,$\boldsymbol{b}$的夹角.

4. 设$\boldsymbol{a}$,$\boldsymbol{b}$是非零向量,试求下列各式成立的充要条件:

(1) $|\boldsymbol{a}+\boldsymbol{b}|=|\boldsymbol{a}-\boldsymbol{b}|$,

(2) $|\boldsymbol{a}+\boldsymbol{b}|<|\boldsymbol{a}-\boldsymbol{b}|$.

5. 用向量法证明下列各题:

(1) 平行四边形对角线的平方和等于它各边的平方和;

(2) 对角线互相垂直的平行四边形是菱形.

6. 设$\boldsymbol{a}$,$\boldsymbol{b}$,$\boldsymbol{c}$是不共面的三个向量,向量$\boldsymbol{r}$满足:$\boldsymbol{r}\perp\boldsymbol{a}$,$\boldsymbol{r}\perp\boldsymbol{b}$,$\boldsymbol{r}\perp\boldsymbol{c}$,试证明:$\boldsymbol{r}=\boldsymbol{0}$.

7. 已知$\boldsymbol{a}$,$\boldsymbol{b}$,$\boldsymbol{m}_1$,$\boldsymbol{m}_2$四个向量共面,且$\boldsymbol{m}_1$与$\boldsymbol{m}_2$不共线,如果$(\boldsymbol{a}-\boldsymbol{b})\perp\boldsymbol{m}_i(i=1、2)$,证明:$\boldsymbol{a}=\boldsymbol{b}$.

1.6　向量的外积

设$\boldsymbol{a}$,$\boldsymbol{b}$,$\boldsymbol{c}$是三个不共面的向量,它们构成的有序向量组记作$\{\boldsymbol{a},\boldsymbol{b},\boldsymbol{c}\}$.将它们归结到同一始点$O$,若将右手的非拇指的四个手指从$\boldsymbol{a}$以小于$\pi$的转角弯向$\boldsymbol{b}$时拇指的指向与$\boldsymbol{c}$的方向相同,则称$\{\boldsymbol{a},\boldsymbol{b},\boldsymbol{c}\}$为**右旋向量组**,或称$\{\boldsymbol{a},\boldsymbol{b},\boldsymbol{c}\}$构成**右手系**,如图1.6.1(1);否则称$\{\boldsymbol{a},\boldsymbol{b},\boldsymbol{c}\}$为**左旋向量组**,或称$\{\boldsymbol{a},\boldsymbol{b},\boldsymbol{c}\}$构成**左手系**,如图1.6.1(2).

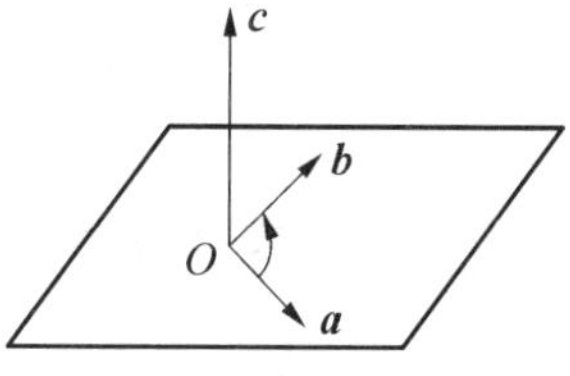

(1)

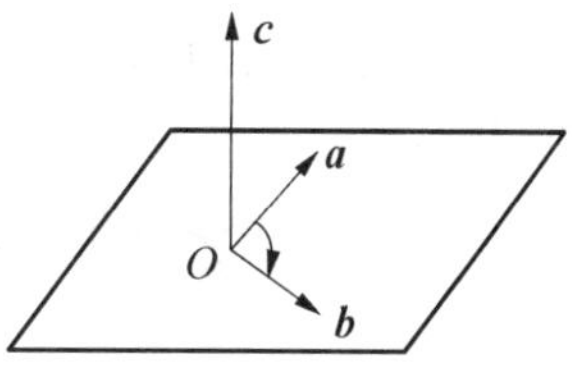

(2)

图 1.6.1

在物理学中，我们知道作用在 A 点上的力 $\boldsymbol{f}$ 关于点 O 的力矩 $\boldsymbol{M}$ 是一个向量（图 1.6.2）.设 $\boldsymbol{OA}=\boldsymbol{r}$，则力矩 $\boldsymbol{M}$ 由向量 $\boldsymbol{f}$ 与 $\boldsymbol{r}$ 按下述方法确定：$\boldsymbol{M}$ 的大小为

$$|\boldsymbol{M}|=|\boldsymbol{r}||\boldsymbol{f}|\sin\angle(\boldsymbol{r},\boldsymbol{f}).$$

其中 $|\boldsymbol{r}|\sin\angle(\boldsymbol{r},\boldsymbol{f})=p$ 为力臂，即从点 O 到力 $\boldsymbol{f}$ 的垂直距离；力矩 $\boldsymbol{M}$ 的方向垂直于 $\boldsymbol{r}$ 与 $\boldsymbol{f}$，且 $\{\boldsymbol{r},\boldsymbol{f},\boldsymbol{m}\}$ 为右旋向量组.

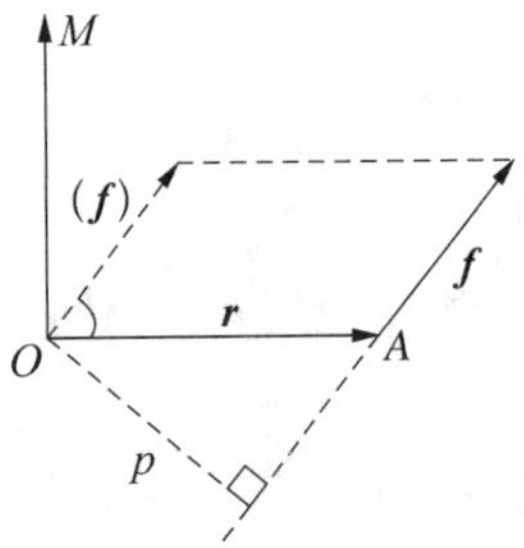

图 1.6.2

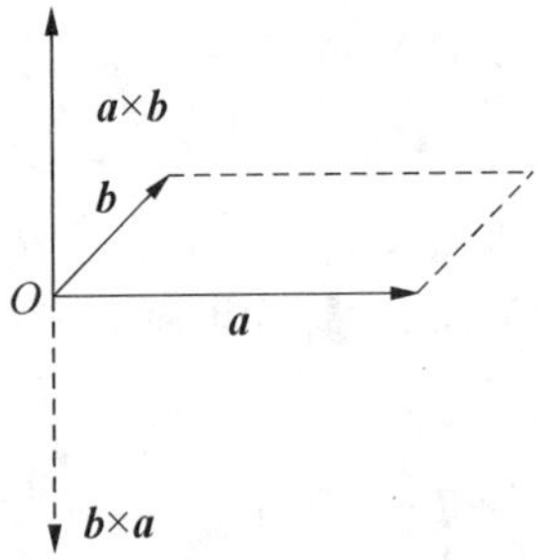

图 1.6.3

由此，一般地，我们引进向量外积的定义.

定义 1.6.1 两个向量 $\boldsymbol{a}$ 与 $\boldsymbol{b}$ 的**外积**，也称**叉积**，或称**向量积**，它是一个向量，记作 $\boldsymbol{a}\times\boldsymbol{b}$.它的模为

$$|\boldsymbol{a}\times\boldsymbol{b}|=|\boldsymbol{a}||\boldsymbol{b}|\sin\angle(\boldsymbol{a},\boldsymbol{b}), \qquad (1.6-1)$$

它的方向与 $\boldsymbol{a},\boldsymbol{b}$ 都垂直，并且 $\{\boldsymbol{a},\boldsymbol{b},\boldsymbol{a}\times\boldsymbol{b}\}$ 构成右旋向量组（图1.6.3）.

根据定义 1.6.1，力 $\boldsymbol{f}$ 关于点 O 的力矩 $\boldsymbol{M}$ 可用外积表示为

$$\boldsymbol{M}=\boldsymbol{r}\times\boldsymbol{f},$$

其中 $\boldsymbol{r}$ 是力 $\boldsymbol{f}$ 的作用点 A 关于点 O 的向径.

应用向量的外积可解决有关面积、向量共线的判别等几何问题.

因为平行四边形的面积等于它的两邻边长的积乘以夹角的正弦，所以由（1.6－1）即可得

推论 1.6.1 以两个不共线的向量 $\boldsymbol{a}$ 与 $\boldsymbol{b}$ 为邻边所构成的平行四边形的面积：

$$S=|\boldsymbol{a}\times\boldsymbol{b}|.$$

由式（1.6－1）还可得

推论 1.6.2 两个向量 $\boldsymbol{a}$ 与 $\boldsymbol{b}$ 共线的充要条件是 $\boldsymbol{a}\times\boldsymbol{b}=\boldsymbol{0}$.

特别地,对任何向量 $\boldsymbol{a}$ 总有 $\boldsymbol{a}\times\boldsymbol{a}=\boldsymbol{0}$.

证 若 $\boldsymbol{a}\neq\boldsymbol{0},\boldsymbol{b}\neq\boldsymbol{0}$,则 $\boldsymbol{a}/\!/\boldsymbol{b}$ 的充要条件是 $\sin\angle(\boldsymbol{a},\boldsymbol{b})=0$,由(1.6-1)知,这就是$|\boldsymbol{a}\times\boldsymbol{b}|=0$,即 $\boldsymbol{a}\times\boldsymbol{b}=\boldsymbol{0}$;若 $\boldsymbol{a},\boldsymbol{b}$ 中有零向量,不妨设 $\boldsymbol{a}=\boldsymbol{0}$,这时 $\boldsymbol{a}/\!/\boldsymbol{b}$,同时有 $\boldsymbol{a}\times\boldsymbol{b}=\boldsymbol{0}$,命题仍然成立.

推论 1.6.3 对于任何向量 $\boldsymbol{a},\boldsymbol{b}$ 有

$$(\boldsymbol{a}\times\boldsymbol{b})^2=\boldsymbol{a}^2\boldsymbol{b}^2-(\boldsymbol{a}\cdot\boldsymbol{b})^2. \tag{1.6-2}$$

公式(1.6-2)给出了向量的外积与内积之间的联系.

证 因为

$$(\boldsymbol{a}\times\boldsymbol{b})^2=|\boldsymbol{a}\times\boldsymbol{b}|^2=|\boldsymbol{a}|^2|\boldsymbol{b}|^2\sin^2\angle(\boldsymbol{a},\boldsymbol{b})=\boldsymbol{a}^2\boldsymbol{b}^2\sin^2\angle(\boldsymbol{a},\boldsymbol{b}),$$

$$(\boldsymbol{a}\cdot\boldsymbol{b})^2=|\boldsymbol{a}|^2|\boldsymbol{b}|^2\cos^2\angle(\boldsymbol{a},\boldsymbol{b})=\boldsymbol{a}^2\boldsymbol{b}^2\cos^2\angle(\boldsymbol{a},\boldsymbol{b}),$$

所以

$$(\boldsymbol{a}\times\boldsymbol{b})^2+(\boldsymbol{a}\cdot\boldsymbol{b})^2=\boldsymbol{a}^2\boldsymbol{b}^2[\sin^2\angle(\boldsymbol{a},\boldsymbol{b})+\cos^2\angle(\boldsymbol{a},\boldsymbol{b})]=\boldsymbol{a}^2\boldsymbol{b}^2,$$

即

$$(\boldsymbol{a}\times\boldsymbol{b})^2=\boldsymbol{a}^2\boldsymbol{b}^2-(\boldsymbol{a}\cdot\boldsymbol{b})^2.$$

下面我们讨论向量外积的运算规律.

定理 1.6.1 向量的外积满足下面的运算规律:

(1) 反交换律 $\boldsymbol{a}\times\boldsymbol{b}=-\boldsymbol{b}\times\boldsymbol{a}$; (1.6-3)

(2) 关于数因子的结合律

$$(\lambda\boldsymbol{a})\times\boldsymbol{b}=\lambda(\boldsymbol{a}\times\boldsymbol{b})=\boldsymbol{a}\times(\lambda\boldsymbol{b}); \tag{1.6-4}$$

(3) 右分配律 $(\boldsymbol{a}+\boldsymbol{b})\times\boldsymbol{c}=\boldsymbol{a}\times\boldsymbol{c}+\boldsymbol{b}\times\boldsymbol{c}$; (1.6-5)

左分配律 $\boldsymbol{c}\times(\boldsymbol{a}+\boldsymbol{b})=\boldsymbol{c}\times\boldsymbol{a}+\boldsymbol{c}\times\boldsymbol{b}$. (1.6-6)

证 (1) 若 $\boldsymbol{a}/\!/\boldsymbol{b}$,则 $\boldsymbol{a}\times\boldsymbol{b}$ 与 $\boldsymbol{b}\times\boldsymbol{a}$ 都是零向量,这时(1.6-3)显然成立;若 $\boldsymbol{a}\not\parallel\boldsymbol{b}$,则

$$\begin{aligned}|\boldsymbol{a}\times\boldsymbol{b}|&=|\boldsymbol{a}||\boldsymbol{b}|\sin\angle(\boldsymbol{a},\boldsymbol{b})\\&=|\boldsymbol{b}||\boldsymbol{a}|\sin\angle(\boldsymbol{b},\boldsymbol{a})=|\boldsymbol{b}\times\boldsymbol{a}|.\end{aligned}$$

又如图 1.6.3,易知 $\boldsymbol{a}\times\boldsymbol{b}$ 与 $\boldsymbol{b}\times\boldsymbol{a}$ 方向相反,从而(1.6-3)成立.

(2) 若 $\lambda=0$,或者 $\boldsymbol{a}/\!/\boldsymbol{b}$,(1.6-4)显然成立;若 $\lambda\neq0$,且 $\boldsymbol{a}\not\parallel\boldsymbol{b}$,则

$$|\lambda(\boldsymbol{a}\times\boldsymbol{b})|=|\lambda||\boldsymbol{a}||\boldsymbol{b}|\sin\angle(\boldsymbol{a},\boldsymbol{b}),$$

$$|(\lambda\boldsymbol{a})\times\boldsymbol{b}|=|\lambda||\boldsymbol{a}||\boldsymbol{b}|\sin\angle(\lambda\boldsymbol{a},\boldsymbol{b}),$$

$$|\boldsymbol{a}\times(\lambda\boldsymbol{b})|=|\lambda||\boldsymbol{a}||\boldsymbol{b}|\sin\angle(\boldsymbol{a},\lambda\boldsymbol{b}),$$

又因为不论 $\lambda>0$ 还是 $\lambda<0$,总有

$$\sin\angle(\lambda\boldsymbol{a},\boldsymbol{b})=\sin\angle(\boldsymbol{a},\boldsymbol{b})=\sin\angle(\boldsymbol{a},\lambda\boldsymbol{b}),$$

所以

$$|\lambda(\boldsymbol{a}+\boldsymbol{b})|=|(\lambda\boldsymbol{a})\times\boldsymbol{b}|=|\boldsymbol{a}\times(\lambda\boldsymbol{b})|.$$

另一方面,容易知道当 $\lambda>0$ 时,这三个向量都与 $\boldsymbol{a}\times\boldsymbol{b}$ 同向,当 $\lambda<0$ 时,它们都与 $\boldsymbol{a}\times\boldsymbol{b}$ 反向,因此这三个向量方向相同,从而(1.6-4)成立.

(3) 先证明右分配律(1.6-5).

若 $\boldsymbol{a},\boldsymbol{b},\boldsymbol{c}$ 中有零向量,则(1.6-5)显然成立.下面的证明,假设 $\boldsymbol{a},\boldsymbol{b},\boldsymbol{c}$ 都不是零向量.

设 $\boldsymbol{c}^0$ 为 $\boldsymbol{c}$ 的单位向量,先证明下式成立:

$$(\boldsymbol{a}+\boldsymbol{b})\times\boldsymbol{c}^0=\boldsymbol{a}\times\boldsymbol{c}^0+\boldsymbol{b}\times\boldsymbol{c}^0. \tag{1.6-5°}$$

首先我们用下面的作图法可作出任一非零向量 $\boldsymbol{a}$ 与单位向量 $\boldsymbol{e}$ 的外积 $\boldsymbol{a}\times\boldsymbol{e}$.

设 $\boldsymbol{OA}=\boldsymbol{a}$,$\boldsymbol{OE}=\boldsymbol{e}$,过点 O 作平面 π 垂直于 $\boldsymbol{e}$(图 1.6.4),自点 A 作 $AA_1\perp\pi$,A_1 为垂足,将向量 $\boldsymbol{OA}_1$ 在平面 π 内绕 O 点依顺时针方向(自 $\boldsymbol{e}$ 的终点 E 观察平面 π)旋转 90°得向量 $\boldsymbol{OA}_2$,则有

$$\boldsymbol{OA}_2=\boldsymbol{a}\times\boldsymbol{e}.$$

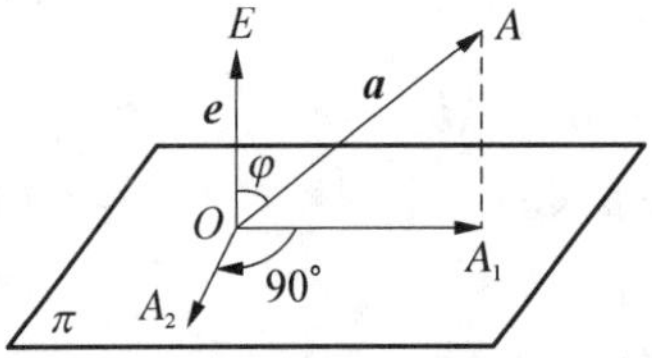

图 1.6.4

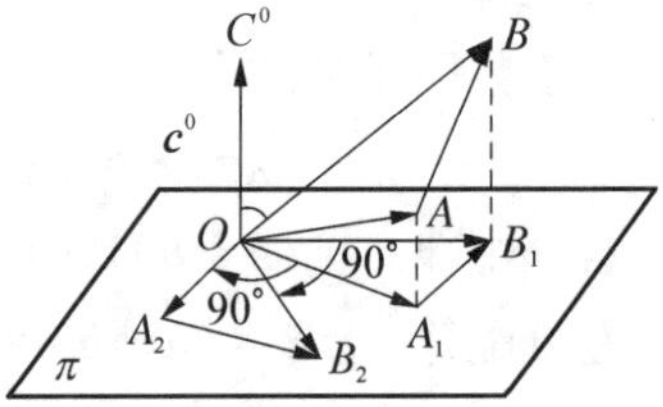

图 1.6.5

事实上,若设 $\angle(\boldsymbol{a},\boldsymbol{e})=\varphi$,则

$$|\boldsymbol{OA}_2|=|\boldsymbol{OA}_1|=|\boldsymbol{a}|\sin\varphi=|\boldsymbol{a}||\boldsymbol{e}|\sin\angle(\boldsymbol{a},\boldsymbol{e}),$$

同时又有 $\boldsymbol{OA}_2\perp\boldsymbol{a}$,$\boldsymbol{OA}_2\perp\boldsymbol{e}$,且$\{\boldsymbol{a},\boldsymbol{e},\boldsymbol{OA}_2\}$为右旋向量组,所以根据定义 1.6.1 便有 $\boldsymbol{OA}_2=\boldsymbol{a}\times\boldsymbol{e}$.

下面证明(1.6-5°)式,如图 1.6.5 所示,设 $\boldsymbol{OC}^0=\boldsymbol{c}^0$,$\boldsymbol{OA}=\boldsymbol{a}$,$\boldsymbol{AB}=\boldsymbol{b}$,则 $\boldsymbol{OB}=\boldsymbol{a}+\boldsymbol{b}$,过点 O 作平面 $\pi\perp\boldsymbol{c}^0$,并设 A_1,B_1 分别是点 A,B 在平面 π 上的射影,将$\triangle OA_1B_1$ 在平面 π 内绕点 O 作顺时针方向(自 $\boldsymbol{c}^0$ 的终点 C^0 观察平面 π)旋转 90°得$\triangle OA_2B_2$,依上述作图法可知

$$\boldsymbol{OA}_2=\boldsymbol{a}\times\boldsymbol{c}^0,\boldsymbol{A}_2\boldsymbol{B}_2=\boldsymbol{b}\times\boldsymbol{c}^0,\boldsymbol{OB}_2=(\boldsymbol{a}+\boldsymbol{b})\times\boldsymbol{c}^0,$$

而
$$\boldsymbol{OB}_2=\boldsymbol{OA}_2+\boldsymbol{A}_2\boldsymbol{B}_2,$$
所以
$$(\boldsymbol{a}+\boldsymbol{b})\times\boldsymbol{c}^0=\boldsymbol{a}\times\boldsymbol{c}^0+\boldsymbol{b}\times\boldsymbol{c}^0,$$
即(1.6－5°)成立.

现在来证明(1.6－5)成立,因为 $\boldsymbol{c}=|\boldsymbol{c}|\boldsymbol{c}^0$,应用(1.6－4),(1.6－5°)可得
$$\begin{aligned}(\boldsymbol{a}+\boldsymbol{b})\times\boldsymbol{c}&=(\boldsymbol{a}+\boldsymbol{b})\times(|\boldsymbol{c}|\boldsymbol{c}^0)=|\boldsymbol{c}|[(\boldsymbol{a}+\boldsymbol{b})\times\boldsymbol{c}^0]\\&=|\boldsymbol{c}|(\boldsymbol{a}\times\boldsymbol{c}^0+\boldsymbol{b}\times\boldsymbol{c}^0)=|\boldsymbol{c}|(\boldsymbol{a}\times\boldsymbol{c}^0)+|\boldsymbol{c}|(\boldsymbol{b}\times\boldsymbol{c}^0)\\&=\boldsymbol{a}\times(|\boldsymbol{c}|\boldsymbol{c}^0)+\boldsymbol{b}\times(|\boldsymbol{c}|\boldsymbol{c}^0)=\boldsymbol{a}\times\boldsymbol{c}+\boldsymbol{b}\times\boldsymbol{c},\end{aligned}$$
所以(1.6－5)成立.

再证明左分配律(1.6－6):
$$\begin{aligned}\boldsymbol{c}\times(\boldsymbol{a}+\boldsymbol{b})&=-(\boldsymbol{a}+\boldsymbol{b})\times\boldsymbol{c}=-\boldsymbol{a}\times\boldsymbol{c}-\boldsymbol{b}\times\boldsymbol{c}\\&=\boldsymbol{c}\times\boldsymbol{a}+\boldsymbol{c}\times\boldsymbol{b},\end{aligned}$$
于是(1.6－6)成立.

根据向量外积的运算规律,向量的外积也可以像多项式的乘法那样进行运算.例如
$$\begin{aligned}(3\boldsymbol{a}-\boldsymbol{b})\times(\boldsymbol{a}+2\boldsymbol{b})&=(3\boldsymbol{a}-\boldsymbol{b})\times\boldsymbol{a}+(3\boldsymbol{a}-\boldsymbol{b})\times2\boldsymbol{b}\\&=3(\boldsymbol{a}\times\boldsymbol{a})-\boldsymbol{b}\times\boldsymbol{a}+6(\boldsymbol{a}\times\boldsymbol{b})-2(\boldsymbol{b}\times\boldsymbol{b})\\&=\boldsymbol{0}+\boldsymbol{a}\times\boldsymbol{b}+6(\boldsymbol{a}\times\boldsymbol{b})-\boldsymbol{0}=7(\boldsymbol{a}\times\boldsymbol{b}).\end{aligned}$$

但是必须注意,向量的外积并不满足交换律,而是具有反交换律(1.6－3),所以在外积运算中,若交换外积中二因子向量的位置,则必须变号.

例 1.6.1　已知 $|\boldsymbol{a}|=4$,$|\boldsymbol{b}|=5$,$\boldsymbol{a}\cdot\boldsymbol{b}=16$,又 $\boldsymbol{u}=\boldsymbol{a}-\boldsymbol{b}$,$\boldsymbol{v}=2\boldsymbol{a}+\boldsymbol{b}$,试求以 $\boldsymbol{u}$,$\boldsymbol{v}$ 为邻边的平行四边形的面积.

解　以 $\boldsymbol{u}$,$\boldsymbol{v}$ 为邻边的平行四边形的面积:
$$\begin{aligned}S&=|\boldsymbol{u}\times\boldsymbol{v}|=|(\boldsymbol{a}-\boldsymbol{b})\times(2\boldsymbol{a}+\boldsymbol{b})|\\&=|2(\boldsymbol{a}\times\boldsymbol{a})-2(\boldsymbol{b}\times\boldsymbol{a})+\boldsymbol{a}\times\boldsymbol{b}-\boldsymbol{b}\times\boldsymbol{b}|\\&=|3(\boldsymbol{a}\times\boldsymbol{b})|=3|\boldsymbol{a}\times\boldsymbol{b}|,\end{aligned}$$
又根据公式(1.6－2)得
$$(\boldsymbol{a}\times\boldsymbol{b})^2=\boldsymbol{a}^2\boldsymbol{b}^2-(\boldsymbol{a}\cdot\boldsymbol{b})^2=4^2\cdot5^2-16^2=144,$$
所以
$$|\boldsymbol{a}\times\boldsymbol{b}|=\sqrt{(\boldsymbol{a}\times\boldsymbol{b})^2}=\sqrt{144}=12,$$
从而
$$S=3|\boldsymbol{a}\times\boldsymbol{b}|=3\cdot12=36.$$

例 1.6.2　设空间三点 A,B,C 关于任意一点 O 的向径为 $\boldsymbol{OA}=\boldsymbol{a}$,$\boldsymbol{OB}=\boldsymbol{b}$,

$\boldsymbol{OC}=\boldsymbol{c}$，又 $\boldsymbol{R}=\boldsymbol{a}\times\boldsymbol{b}+\boldsymbol{b}\times\boldsymbol{c}+\boldsymbol{c}\times\boldsymbol{a}$.

(1) 证明 A,B,C 三点共线的充要条件是 $\boldsymbol{R}=\boldsymbol{0}$，

(2) 若 A,B,C 三点不共线，证明 $\boldsymbol{R}$ 垂直于三角形 ABC 所在平面.

证 首先有

$$\begin{aligned}\boldsymbol{AB}\times\boldsymbol{AC}&=(\boldsymbol{OB}-\boldsymbol{OA})\times(\boldsymbol{OC}-\boldsymbol{OA})=(\boldsymbol{b}-\boldsymbol{a})\times(\boldsymbol{c}-\boldsymbol{a})\\&=\boldsymbol{b}\times\boldsymbol{c}-\boldsymbol{a}\times\boldsymbol{c}-\boldsymbol{b}\times\boldsymbol{a}+\boldsymbol{a}\times\boldsymbol{a}\\&=\boldsymbol{a}\times\boldsymbol{b}+\boldsymbol{b}\times\boldsymbol{c}+\boldsymbol{c}\times\boldsymbol{a},\end{aligned}$$

即有

$$\boldsymbol{R}=\boldsymbol{AB}\times\boldsymbol{AC},$$

从而有：

(1) A,B,C 三点共线的充要条件为 $\boldsymbol{AB}\,/\!/\,\boldsymbol{AC}$，即 $\boldsymbol{AB}\times\boldsymbol{AC}=\boldsymbol{0}$，也就是 $\boldsymbol{R}=\boldsymbol{0}$；

(2) 根据(1)，当 A,B,C 三点不共线时，$\boldsymbol{R}\neq 0$，按外积定义，由 $\boldsymbol{R}=\boldsymbol{AB}\times\boldsymbol{AC}$ 知

$$\boldsymbol{R}\perp\boldsymbol{AB},\boldsymbol{R}\perp\boldsymbol{AC},$$

所以

$$\boldsymbol{R}\perp\text{平面 }ABC.$$

例 1.6.3 用向量法证明三角形面积的海伦(Heron)公式

$$\Delta^2=p(p-a)(p-b)(p-c).$$

其中 a,b,c 为三角形三边的边长，$p=\dfrac{1}{2}(a+b+c)$，Δ 为三角形的面积.

证 如图 1.6.6，在$\triangle ABC$ 中设

$$\boldsymbol{BC}=\boldsymbol{a},\boldsymbol{AC}=\boldsymbol{b},\boldsymbol{AB}=\boldsymbol{c},$$

则$\triangle ABC$ 的面积：

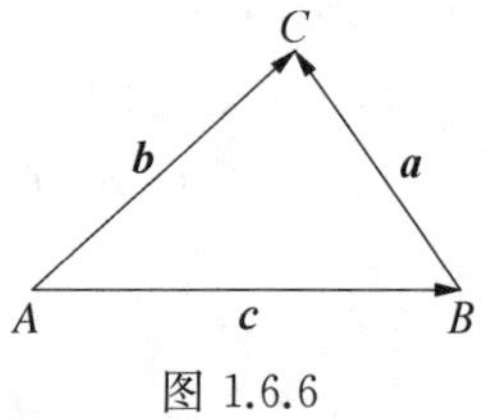

图 1.6.6

$$\Delta=\frac{1}{2}|\boldsymbol{b}\times\boldsymbol{c}|,$$

所以

$$\Delta^2=\frac{1}{4}(\boldsymbol{b}\times\boldsymbol{c})^2,$$

应用公式(1.6-2)得

$$\Delta^2=\frac{1}{4}[\boldsymbol{b}^2\boldsymbol{c}^2-(\boldsymbol{b}\cdot\boldsymbol{c})^2],\tag{1}$$

又由 $\boldsymbol{a}=\boldsymbol{b}-\boldsymbol{c}$ 得

$$\boldsymbol{a}^2=(\boldsymbol{b}-\boldsymbol{c})^2=\boldsymbol{b}^2+\boldsymbol{c}^2-2\boldsymbol{b}\cdot\boldsymbol{c},$$

从而
$$\boldsymbol{b}\cdot\boldsymbol{c}=\frac{1}{2}(\boldsymbol{b}^2+\boldsymbol{c}^2-\boldsymbol{a}^2)=\frac{1}{2}(b^2+c^2-a^2),\tag{2}$$

(2)代入(1)得

$$\begin{aligned}\Delta^2&=\frac{1}{4}\left[b^2c^2-\frac{1}{4}(b^2+c^2-a^2)^2\right]\\&=\frac{1}{16}[2bc+(b^2+c^2-a^2)][2bc-(b^2+c^2-a^2)]\\&=\frac{1}{16}[(b+c)^2-a^2][a^2-(b-c)^2]\\&=\frac{1}{16}(a+b+c)(b+c-a)(c+a-b)(a+b-c)\\&=\frac{1}{16}\cdot 2p(2p-2a)(2p-2b)(2p-2c),\end{aligned}$$

化简得

$$\Delta^2=p(p-a)(p-b)(p-c).$$

习题 1.6

1. 已知 $|\boldsymbol{a}|=1$，$|\boldsymbol{b}|=5$，$\boldsymbol{a}\cdot\boldsymbol{b}=3$，试求：

(1) $|(\boldsymbol{a}+\boldsymbol{b})\times(\boldsymbol{a}-\boldsymbol{b})|$；

(2) $|(\boldsymbol{a}-2\boldsymbol{b})\times(\boldsymbol{b}-2\boldsymbol{a})|$.

2. 已知 $\boldsymbol{AB}=\boldsymbol{a}-2\boldsymbol{b}$，$\boldsymbol{AC}=\boldsymbol{a}-3\boldsymbol{b}$，$|\boldsymbol{a}|=4$，$|\boldsymbol{b}|=3$，$\angle(\boldsymbol{a},\boldsymbol{b})=\frac{\pi}{6}$，求 $\triangle ABC$ 的面积.

3. 已知 $\boldsymbol{a}\times\boldsymbol{b}=\boldsymbol{c}\times\boldsymbol{d}$，$\boldsymbol{a}\times\boldsymbol{c}=\boldsymbol{b}\times\boldsymbol{d}$，证明 $\boldsymbol{a}-\boldsymbol{d}$ 与 $\boldsymbol{b}-\boldsymbol{c}$ 共线.

4. 已知 $\triangle ABC$，O 为空间任意一点，设 $\boldsymbol{OA}=\boldsymbol{a}$，$\boldsymbol{OB}=\boldsymbol{b}$，$\boldsymbol{OC}=\boldsymbol{c}$，证明 $\triangle ABC$ 的面积：

$$\Delta=\frac{1}{2}|\boldsymbol{a}\times\boldsymbol{b}+\boldsymbol{b}\times\boldsymbol{c}+\boldsymbol{c}\times\boldsymbol{a}|.$$

5. 设 $\triangle ABC$ 中 $\boldsymbol{BC}=\boldsymbol{a}$，$\boldsymbol{CA}=\boldsymbol{b}$，$\boldsymbol{AB}=\boldsymbol{c}$，证明：

$$\boldsymbol{a}\times\boldsymbol{b}=\boldsymbol{b}\times\boldsymbol{c}=\boldsymbol{c}\times\boldsymbol{a}.$$

6. 用向量法证明：

(1) 三角形的正弦定理；

(2) 平行四边形面积的两倍等于以它的对角线为边的平行四边形的面积.

1.7 向量的混合积

在研究两个向量的内积和外积的基础上，现在我们来研究三个向量的乘积.三个向量 $\boldsymbol{a}, \boldsymbol{b}, \boldsymbol{c}$ 的乘积有三种类型，第一种是先将向量 $\boldsymbol{a}, \boldsymbol{b}$ 作内积得到数量 $\boldsymbol{a}\cdot\boldsymbol{b}$，它与第三个向量 $\boldsymbol{c}$ 只可再作数乘得到乘积 $(\boldsymbol{a}\cdot\boldsymbol{b})\boldsymbol{c}$，它是一个与 $\boldsymbol{c}$ 共线的向量，这种乘积简单明了，不必再作讨论.三个向量乘积的另外两种类型是先将 $\boldsymbol{a}, \boldsymbol{b}$ 作外积得到向量 $\boldsymbol{a}\times\boldsymbol{b}$，则它与第三个向量 $\boldsymbol{c}$ 既可作内积得到数量 $(\boldsymbol{a}\times\boldsymbol{b})\cdot\boldsymbol{c}$，又可作外积得到向量 $(\boldsymbol{a}\times\boldsymbol{b})\times\boldsymbol{c}$，这两种乘积都有比较重要的性质，为此本节先研究 $(\boldsymbol{a}\times\boldsymbol{b})\cdot\boldsymbol{c}$，下一节再讨论 $(\boldsymbol{a}\times\boldsymbol{b})\times\boldsymbol{c}$.

定义 1.7.1 两个向量 $\boldsymbol{a}$ 与 $\boldsymbol{b}$ 的外积 $\boldsymbol{a}\times\boldsymbol{b}$ 再与第三个向量 $\boldsymbol{c}$ 作内积所得的数 $(\boldsymbol{a}\times\boldsymbol{b})\cdot\boldsymbol{c}$ 称为三个向量 $\boldsymbol{a}, \boldsymbol{b}, \boldsymbol{c}$ 的**混合积**，记作 $(\boldsymbol{a}, \boldsymbol{b}, \boldsymbol{c})$ 或 $(\boldsymbol{abc})$，即

$$(\boldsymbol{a}, \boldsymbol{b}, \boldsymbol{c})=(\boldsymbol{a}\times\boldsymbol{b})\cdot\boldsymbol{c}. \tag{1.7-1}$$

应用向量的混合积可以解决有关体积，向量共面的判别等几何问题.

定理 1.7.1 设 $\boldsymbol{a}, \boldsymbol{b}, \boldsymbol{c}$ 三个向量不共面，V 是以 $\boldsymbol{a}, \boldsymbol{b}, \boldsymbol{c}$ 为棱的平行六面体的体积，则有

$$V=|(\boldsymbol{a}, \boldsymbol{b}, \boldsymbol{c})|, \tag{1.7-2}$$

并且

$$(\boldsymbol{a}, \boldsymbol{b}, \boldsymbol{c})=\begin{cases} V>0, & \{\boldsymbol{a}, \boldsymbol{b}, \boldsymbol{c}\}\text{为右旋向量组}, \\ -V<0, & \{\boldsymbol{a}, \boldsymbol{b}, \boldsymbol{c}\}\text{为左旋向量组}. \end{cases} \tag{1.7-3}$$

证 由于 $\boldsymbol{a}, \boldsymbol{b}, \boldsymbol{c}$ 三个向量不共面，将它们归结到共同的始点 O 可构成以 $\boldsymbol{a}, \boldsymbol{b}, \boldsymbol{c}$ 为棱的平行六面体(图 1.7.1).它的底面是以 $\boldsymbol{a}, \boldsymbol{b}$ 为边的平行四边形，面积 $S=|\boldsymbol{a}\times\boldsymbol{b}|$，设它的高 $|\boldsymbol{OH}|=h$，则平行六面体的体积为 $V=Sh$.

若设 $\boldsymbol{a}\times\boldsymbol{b}$ 与 $\boldsymbol{c}$ 的夹角 $\angle(\boldsymbol{a}\times\boldsymbol{b}, \boldsymbol{c})=\theta$，则根据(1.7-1)与(1.5-8)得

$$(\boldsymbol{a}, \boldsymbol{b}, \boldsymbol{c})=(\boldsymbol{a}\times\boldsymbol{b})\cdot\boldsymbol{c}=|\boldsymbol{a}\times\boldsymbol{b}||\boldsymbol{c}|\cos\theta=S\cdot|\boldsymbol{c}|\cos\theta.$$

(1) 当 $\{\boldsymbol{a}, \boldsymbol{b}, \boldsymbol{c}\}$ 为右旋向量组时，由图 1.7.1(1) 可知 $0\leqslant\theta<\frac{\pi}{2}$，$h=|\boldsymbol{c}|\cos\theta$，这时

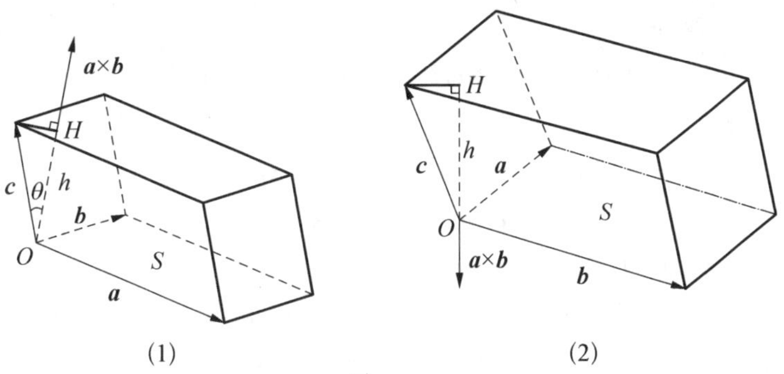

图 1.7.1

$$(\boldsymbol{a},\boldsymbol{b},\boldsymbol{c})=S\cdot|\boldsymbol{c}|\cos\theta=S\cdot h=V;$$

(2) 当$\{\boldsymbol{a},\boldsymbol{b},\boldsymbol{c}\}$为左旋向量组时，由图 1.7.1(2)可知$\frac{\pi}{2}<\theta\leqslant\pi$，$h=|\boldsymbol{c}|\cos(\pi-\theta)=-|\boldsymbol{c}|\cos\theta$，这时

$$(\boldsymbol{a},\boldsymbol{b},\boldsymbol{c})=S\cdot|\boldsymbol{c}|\cos\theta=-S\cdot h=-V.$$

因此(1.7-3)成立，从而(1.7-2)成立.

定理 1.7.2　三个向量$\boldsymbol{a},\boldsymbol{b},\boldsymbol{c}$共面的充要条件是$(\boldsymbol{a},\boldsymbol{b},\boldsymbol{c})=0$.

证　当$\boldsymbol{a}/\!/\boldsymbol{b}$或$\boldsymbol{c}=\boldsymbol{0}$时，显然$\boldsymbol{a},\boldsymbol{b},\boldsymbol{c}$既共面，且又有$(\boldsymbol{a},\boldsymbol{b},\boldsymbol{c})=0$.下面证明当$\boldsymbol{a}\not/\!/\boldsymbol{b}$，且$\boldsymbol{c}\neq\boldsymbol{0}$时定理 1.7.2 也成立.

必要性：设$\boldsymbol{a},\boldsymbol{b},\boldsymbol{c}$共面，则由外积定义 1.6.1 知$(\boldsymbol{a}\times\boldsymbol{b})\perp\boldsymbol{a}$，$(\boldsymbol{a}\times\boldsymbol{b})\perp\boldsymbol{b}$，于是$(\boldsymbol{a}\times\boldsymbol{b})\perp\boldsymbol{c}$，根据定理 1.5.3 得$(\boldsymbol{a}\times\boldsymbol{b})\cdot\boldsymbol{c}=0$，即$(\boldsymbol{a},\boldsymbol{b},\boldsymbol{c})=0$.

充分性：设$(\boldsymbol{a},\boldsymbol{b},\boldsymbol{c})=0$，即有$(\boldsymbol{a}\times\boldsymbol{b})\cdot\boldsymbol{c}=0$，根据定理 1.5.3 知$(\boldsymbol{a}\times\boldsymbol{b})\perp\boldsymbol{c}$，又因$(\boldsymbol{a}\times\boldsymbol{b})\perp\boldsymbol{a}$，$(\boldsymbol{a}\times\boldsymbol{b})\perp\boldsymbol{b}$，因此$\boldsymbol{a},\boldsymbol{b},\boldsymbol{c}$都垂直于非零向量$\boldsymbol{a}\times\boldsymbol{b}$，于是$\boldsymbol{a},\boldsymbol{b},\boldsymbol{c}$三向量共面.

由定理 1.7.1 与定理 1.7.2 可得

推论 1.7.1　三个向量$\boldsymbol{a},\boldsymbol{b},\boldsymbol{c}$构成右旋向量组$\{\boldsymbol{a},\boldsymbol{b},\boldsymbol{c}\}$的充要条件是$(\boldsymbol{a},\boldsymbol{b},\boldsymbol{c})>0$；

三个向量$\boldsymbol{a},\boldsymbol{b},\boldsymbol{c}$构成左旋向量组$\{\boldsymbol{a},\boldsymbol{b},\boldsymbol{c}\}$的充要条件是$(\boldsymbol{a},\boldsymbol{b},\boldsymbol{c})<0$.

下面我们讨论混合积的运算性质.

定理 1.7.3　混合积有如下运算性质：

(1) 可轮换性

$$(\boldsymbol{abc})=(\boldsymbol{bca})=(\boldsymbol{cab});\qquad(1.7-4)$$

(2) 反交换性

$$(\boldsymbol{abc})=-(\boldsymbol{bac})=-(\boldsymbol{acb})=-(\boldsymbol{cba}); \tag{1.7-5}$$

(3) 线性

$$(\boldsymbol{a}_1+\boldsymbol{a}_2,\boldsymbol{b},\boldsymbol{c})=(\boldsymbol{a}_1\boldsymbol{bc})+(\boldsymbol{a}_2\boldsymbol{bc}), \tag{1.7-6}$$

$$(\lambda\boldsymbol{a},\boldsymbol{b},\boldsymbol{c})=\lambda(\boldsymbol{a},\boldsymbol{b},\boldsymbol{c}); \tag{1.7-7}$$

(4) $(\boldsymbol{a},\boldsymbol{b},\boldsymbol{c})=(\boldsymbol{a}\times\boldsymbol{b})\cdot\boldsymbol{c}=\boldsymbol{a}\cdot(\boldsymbol{b}\times\boldsymbol{c}).$ (1.7-8)

定理 1.7.3 中,可轮换性(1.7-4)表明轮换混合积的三个因子,其值不变;反交换性(1.7-5)表明交换混合积中两个因子的位置,其值变号;公式(1.7-6)、(1.7-7)表明混合积对第一因子具有线性性质,它对第二因子与第三因子的线性也同样成立;公式(1.7-8)表明混合积内两种乘法交换其值不变.

证 (1) 当 $\boldsymbol{a},\boldsymbol{b},\boldsymbol{c}$ 共面时,(1.7-4)显然成立.

当 $\boldsymbol{a},\boldsymbol{b},\boldsymbol{c}$ 不共面时,若轮换三个因子,则它们的混合积的绝对值都等于以 $\boldsymbol{a},\boldsymbol{b},\boldsymbol{c}$ 为棱的平行六面体的体积,又因为轮换 $\boldsymbol{a},\boldsymbol{b},\boldsymbol{c}$ 的顺序时,它们所成的向量组或者都是右旋向量组或都是左旋向量组,因此它们的混合积同号,所以(1.7-4)成立.

(2) 当 $\boldsymbol{a},\boldsymbol{b},\boldsymbol{c}$ 共面时,(1.7-5)也显然成立,当 $\boldsymbol{a},\boldsymbol{b},\boldsymbol{c}$ 不共面时,若对调两个因子的位置,则混合积的绝对值同样不变,但这时右旋向量组将变成左旋向量组,左旋向量组将变成右旋向量组,因此混合积要变号,所以(1.7-5)成立.

(3)
$$\begin{aligned}(\boldsymbol{a}_1+\boldsymbol{a}_2,\boldsymbol{b},\boldsymbol{c})&=[(\boldsymbol{a}_1+\boldsymbol{a}_2)\times\boldsymbol{b}]\cdot\boldsymbol{c}=(\boldsymbol{a}_1\times\boldsymbol{b}+\boldsymbol{a}_2\times\boldsymbol{b})\cdot\boldsymbol{c}\\&=(\boldsymbol{a}_1\times\boldsymbol{b})\cdot\boldsymbol{c}+(\boldsymbol{a}_2\times\boldsymbol{b})\cdot\boldsymbol{c}\\&=(\boldsymbol{a}_1,\boldsymbol{b},\boldsymbol{c})+(\boldsymbol{a}_2,\boldsymbol{b},\boldsymbol{c}),\end{aligned}$$

又
$$\begin{aligned}(\lambda\boldsymbol{a},\boldsymbol{b},\boldsymbol{c})&=[(\lambda\boldsymbol{a})\times\boldsymbol{b}]\cdot\boldsymbol{c}=[\lambda(\boldsymbol{a}\times\boldsymbol{b})]\cdot\boldsymbol{c}\\&=\lambda[(\boldsymbol{a}\times\boldsymbol{b})\cdot\boldsymbol{c}]=\lambda(\boldsymbol{a},\boldsymbol{b},\boldsymbol{c}),\end{aligned}$$

所以(1.7-6)、(1.7-7)成立.

(4)
$$\begin{aligned}(\boldsymbol{a}\times\boldsymbol{b})\cdot\boldsymbol{c}&=(\boldsymbol{abc})=(\boldsymbol{bca})\\&=(\boldsymbol{b}\times\boldsymbol{c})\cdot\boldsymbol{a}=\boldsymbol{a}\cdot(\boldsymbol{b}\times\boldsymbol{c}),\end{aligned}$$

所以(1.7-8)成立.

例 1.7.1 设 $\boldsymbol{a}\not\parallel\boldsymbol{b}$,试判别下列向量组中,哪个是共面向量组?哪个是右旋向量组?哪个是左旋向量组?

(1) $\{\boldsymbol{b},\boldsymbol{a}\times\boldsymbol{b},\boldsymbol{a}\}$;

(2) $\{\boldsymbol{b},\boldsymbol{a},\boldsymbol{a}\times\boldsymbol{b}\}$;

(3) $\{\boldsymbol{a},\boldsymbol{a}-\boldsymbol{b},\lambda\boldsymbol{b}\}$.

解　(1) 因为$(\boldsymbol{b},\boldsymbol{a}\times\boldsymbol{b},\boldsymbol{a})=(\boldsymbol{a},\boldsymbol{b},\boldsymbol{a}\times\boldsymbol{b})$

$$=(\boldsymbol{a}\times\boldsymbol{b})\cdot(\boldsymbol{a}\times\boldsymbol{b})=(\boldsymbol{a}\times\boldsymbol{b})^2>0,$$

所以
$$\{\boldsymbol{b},\boldsymbol{a}\times\boldsymbol{b},\boldsymbol{a}\}\text{为右旋向量组.}$$

(2) 因为
$$\{\boldsymbol{b},\boldsymbol{a},\boldsymbol{a}\times\boldsymbol{b}\}=-(\boldsymbol{a},\boldsymbol{b},\boldsymbol{a}\times\boldsymbol{b})=-(\boldsymbol{a}\times\boldsymbol{b})^2<0,$$

所以
$$\{\boldsymbol{b},\boldsymbol{a},\boldsymbol{a}\times\boldsymbol{b}\}\text{为左旋向量组.}$$

(3) 因为
$$(\boldsymbol{a},\boldsymbol{a}-\boldsymbol{b},\lambda\boldsymbol{b})=(\boldsymbol{a},\boldsymbol{a},\lambda\boldsymbol{b})-(\boldsymbol{a},\boldsymbol{b},\lambda\boldsymbol{b}),$$

又根据定理 1.7.2 有

$$(\boldsymbol{a},\boldsymbol{a},\lambda\boldsymbol{b})=0,(\boldsymbol{a},\boldsymbol{b},\lambda\boldsymbol{b})=0,$$

从而
$$(\boldsymbol{a},\boldsymbol{a}-\boldsymbol{b},\lambda\boldsymbol{b})=0,$$

所以　$\{\boldsymbol{a},\boldsymbol{a}-\boldsymbol{b},\lambda\boldsymbol{b}\}$为共面向量组.

例 1.7.2　设向量 $\boldsymbol{a},\boldsymbol{b},\boldsymbol{c}$ 满足：$\boldsymbol{a}\times\boldsymbol{b}+\boldsymbol{b}\times\boldsymbol{c}+\boldsymbol{c}\times\boldsymbol{a}=\boldsymbol{0}$,试证 $\boldsymbol{a},\boldsymbol{b},\boldsymbol{c}$ 三个向量共面.

证　由 $\boldsymbol{a}\times\boldsymbol{b}+\boldsymbol{b}\times\boldsymbol{c}+\boldsymbol{c}\times\boldsymbol{a}=\boldsymbol{0}$ 得

$$\boldsymbol{a}\times\boldsymbol{b}=-(\boldsymbol{b}\times\boldsymbol{c}+\boldsymbol{c}\times\boldsymbol{a}),$$

上式两边与 $\boldsymbol{c}$ 作内积得

$$(\boldsymbol{a},\boldsymbol{b},\boldsymbol{c})=-(\boldsymbol{b},\boldsymbol{c},\boldsymbol{c})-(\boldsymbol{c},\boldsymbol{a},\boldsymbol{c}),$$

而
$$(\boldsymbol{b},\boldsymbol{c},\boldsymbol{c})=0,(\boldsymbol{c},\boldsymbol{a},\boldsymbol{c})=0.$$

所以
$$(\boldsymbol{a},\boldsymbol{b},\boldsymbol{c})=0.$$

从而 $\boldsymbol{a},\boldsymbol{b},\boldsymbol{c}$ 共面.

例 1.7.3　设 $\boldsymbol{a},\boldsymbol{b},\boldsymbol{c}$ 为三个不共面的向量,试求向量 $\boldsymbol{d}$ 关于 $\boldsymbol{a},\boldsymbol{b},\boldsymbol{c}$ 的分解式.

解　因为 $\boldsymbol{a},\boldsymbol{b},\boldsymbol{c}$ 不共面,所以根据定理 1.4.5 总有

$$\boldsymbol{d}=x\boldsymbol{a}+y\boldsymbol{b}+z\boldsymbol{c}. \tag{1}$$

(1)式两边与向量 $\boldsymbol{b}\times\boldsymbol{c}$ 作内积得

$$(\boldsymbol{dbc})=x(\boldsymbol{abc})+y(\boldsymbol{bbc})+z(\boldsymbol{cbc}),$$

而
$$(\boldsymbol{bbc})=0,(\boldsymbol{cbc})=0,$$

所以
$$(\boldsymbol{dbc})=x(\boldsymbol{abc}).$$

由 $\boldsymbol{a},\boldsymbol{b},\boldsymbol{c}$ 不共面知$(\boldsymbol{abc})\neq0$,因此

$$x=\frac{(\boldsymbol{dbc})}{(\boldsymbol{abc})}. \tag{2}$$

同理,由(1)式两边与 $\boldsymbol{c}\times\boldsymbol{a}$ 作内积得

$$y=\frac{(\boldsymbol{adc})}{(\boldsymbol{abc})}. \tag{3}$$

由(1)式两边与 $\boldsymbol{a}\times\boldsymbol{b}$ 作内积得

$$z=\frac{(\boldsymbol{abd})}{(\boldsymbol{abc})}. \tag{4}$$

将(2),(3),(4)代入(1)得

$$\boldsymbol{d}=\frac{(\boldsymbol{dbc})}{(\boldsymbol{abc})}\boldsymbol{a}+\frac{(\boldsymbol{adc})}{(\boldsymbol{abc})}\boldsymbol{b}+\frac{(\boldsymbol{abd})}{(\boldsymbol{abc})}\boldsymbol{c}.$$

习题 1.7

1. 证明下列各题:

(1) $(\lambda\boldsymbol{a}_1+\mu\boldsymbol{a}_2,\boldsymbol{b},\boldsymbol{c})=\lambda(\boldsymbol{a}_1,\boldsymbol{b},\boldsymbol{c})+\mu(\boldsymbol{a}_2,\boldsymbol{b},\boldsymbol{c})$;

(2) $(\boldsymbol{a},\boldsymbol{b},\boldsymbol{c}+\lambda\boldsymbol{a}+\mu\boldsymbol{b})=(\boldsymbol{a},\boldsymbol{b},\boldsymbol{c})$.

2. 设 $\boldsymbol{a}=3\boldsymbol{e}_1+4\boldsymbol{e}_2$, $\boldsymbol{b}=\boldsymbol{e}_1-2\boldsymbol{e}_3$, $\boldsymbol{c}=2\boldsymbol{e}_2+3\boldsymbol{e}_3$,试证明 $\boldsymbol{a},\boldsymbol{b},\boldsymbol{c}$ 共面.

3. 设 $\boldsymbol{a}\nparallel\boldsymbol{b}$,判别下列向量组是共面向量组,还是右旋向量组或是左旋向量组:

(1) $\{\boldsymbol{a}+\boldsymbol{b},\boldsymbol{b},\boldsymbol{a}\times\boldsymbol{b}\}$;

(2) $\{\boldsymbol{a}\times\boldsymbol{b},\boldsymbol{a},\boldsymbol{a}-\boldsymbol{b}\}$;

(3) $\{\boldsymbol{a},\boldsymbol{a}+\boldsymbol{b},\boldsymbol{a}-\boldsymbol{b}\}$.

4. 设四面体 $OABC$ 中,$\boldsymbol{OA}=\boldsymbol{a}$, $\boldsymbol{OB}=\boldsymbol{b}$, $\boldsymbol{OC}=\boldsymbol{c}$,又 $\boldsymbol{OD}=\boldsymbol{a}+\boldsymbol{b}$, $\boldsymbol{OE}=\boldsymbol{b}+\boldsymbol{c}$, $\boldsymbol{OF}=\boldsymbol{c}+\boldsymbol{b}$,试证四面体 $ODEF$ 的体积等于四面体 $OABC$ 的体积的两倍.

5. 设 $\boldsymbol{a}=x_1\boldsymbol{e}_1+y_1\boldsymbol{e}_2+z_1\boldsymbol{e}_3$, $\boldsymbol{b}=x_2\boldsymbol{e}_1+y_2\boldsymbol{e}_2+z_2\boldsymbol{e}_3$, $\boldsymbol{c}=x_3\boldsymbol{e}_1+y_3\boldsymbol{e}_2+z_3\boldsymbol{e}_3$,试证明

$$(\boldsymbol{a},\boldsymbol{b},\boldsymbol{c})=\begin{vmatrix} x_1 & y_1 & z_1 \\ x_2 & y_2 & z_2 \\ x_3 & y_3 & z_3 \end{vmatrix}(\boldsymbol{e}_1,\boldsymbol{e}_2,\boldsymbol{e}_3).$$

1.8　向量的双重外积

现在我们来讨论三个向量的另外一种乘积.

定义 1.8.1　两个向量 $\boldsymbol{a}$ 与 $\boldsymbol{b}$ 的外积 $\boldsymbol{a}\times\boldsymbol{b}$ 与第三个向量 $\boldsymbol{c}$ 再作外积所得的向量 $(\boldsymbol{a}\times\boldsymbol{b})\times\boldsymbol{c}$ 称为三向量 $\boldsymbol{a},\boldsymbol{b},\boldsymbol{c}$ 的一个**双重外积**.

关于向量的双重外积有下面的计算公式.

定理 1.8.1　对任意向量 $\boldsymbol{a},\boldsymbol{b},\boldsymbol{c}$ 有

$$(\boldsymbol{a}\times\boldsymbol{b})\times\boldsymbol{c}=(\boldsymbol{a}\cdot\boldsymbol{c})\boldsymbol{b}-(\boldsymbol{b}\cdot\boldsymbol{c})\boldsymbol{a},\tag{1.8-1}$$

公式(1.8－1)称为双重外积公式.

证　若 $\boldsymbol{a},\boldsymbol{b},\boldsymbol{c}$ 中有零向量,或 $\boldsymbol{a}\parallel\boldsymbol{b}$ 时,公式(1.8－1)显然成立.

下面设 $\boldsymbol{a},\boldsymbol{b},\boldsymbol{c}$ 均非零向量,且 $\boldsymbol{a}\nparallel\boldsymbol{b}$,先证明当 $\boldsymbol{c}=\boldsymbol{a}$ 时,公式(1.8－1)成立,即有:

$$(\boldsymbol{a}\times\boldsymbol{b})\times\boldsymbol{a}=(\boldsymbol{a}^2)\boldsymbol{b}-(\boldsymbol{a}\cdot\boldsymbol{b})\boldsymbol{a}.\tag{1}$$

根据外积的定义 1.6.1,$(\boldsymbol{a}\times\boldsymbol{b})\times\boldsymbol{a},\boldsymbol{a},\boldsymbol{b}$ 三个向量都垂直于非零向量 $\boldsymbol{a}\times\boldsymbol{b}$,因此它们共面,又因为 $\boldsymbol{a}\nparallel\boldsymbol{b}$,根据定理 1.4.3 可设

$$(\boldsymbol{a}\times\boldsymbol{b})\times\boldsymbol{a}=\lambda\boldsymbol{a}+\mu\boldsymbol{b},\tag{2}$$

(2)式两边先后与 $\boldsymbol{a}$、$\boldsymbol{b}$ 作内积,依次得

$$\lambda(\boldsymbol{a}^2)+\mu(\boldsymbol{a}\cdot\boldsymbol{b})=0,\tag{3}$$

$$\lambda(\boldsymbol{a}\cdot\boldsymbol{b})+\mu(\boldsymbol{b}^2)=(\boldsymbol{a}\times\boldsymbol{b})^2,\tag{4}$$

由(3)和(4)并应用公式(1.6－2)可解得

$$\lambda=-(\boldsymbol{a}\cdot\boldsymbol{b}),\mu=\boldsymbol{a}^2,\tag{5}$$

(5)代入(2)即得(1).

下面证明(1.8－1)成立,由外积定义 1.6.1,易知 $\boldsymbol{a},\boldsymbol{b},\boldsymbol{a}\times\boldsymbol{b}$ 三向量不共面,所以根据定理 1.4.5 可设

$$\boldsymbol{c}=x\boldsymbol{a}+y\boldsymbol{b}+z(\boldsymbol{a}\times\boldsymbol{b}),\tag{6}$$

从而有

$$\begin{aligned}(\boldsymbol{a}\times\boldsymbol{b})\times\boldsymbol{c}&=(\boldsymbol{a}\times\boldsymbol{b})\times[x\boldsymbol{a}+y\boldsymbol{b}+z(\boldsymbol{a}\times\boldsymbol{b})]\\&=x[(\boldsymbol{a}\times\boldsymbol{b})\times\boldsymbol{a}]-y[(\boldsymbol{b}\times\boldsymbol{a})\times\boldsymbol{b}],\end{aligned}$$

应用(1)式可得

$$(\boldsymbol{a}\times\boldsymbol{b})\times\boldsymbol{c}=x[(\boldsymbol{a}^2)\boldsymbol{b}-(\boldsymbol{a}\cdot\boldsymbol{b})\boldsymbol{a}]-y[(\boldsymbol{b}^2)\boldsymbol{a}-(\boldsymbol{a}\cdot\boldsymbol{b})\boldsymbol{b}]$$
$$=[x(\boldsymbol{a}^2)+y(\boldsymbol{a}\cdot\boldsymbol{b})]\boldsymbol{b}-[x(\boldsymbol{a}\cdot\boldsymbol{b})+y(\boldsymbol{b}^2)]\boldsymbol{a}$$
$$=\{\boldsymbol{a}\cdot[x\boldsymbol{a}+y\boldsymbol{b}+z(\boldsymbol{a}\times\boldsymbol{b})]\}\boldsymbol{b}-\{\boldsymbol{b}\cdot[x\boldsymbol{a}+y\boldsymbol{b}+z(\boldsymbol{a}\times\boldsymbol{b})]\}\boldsymbol{a},$$

将(6)式代入上式右端得

$$(\boldsymbol{a}\times\boldsymbol{b})\times\boldsymbol{c}=(\boldsymbol{a}\cdot\boldsymbol{c})\boldsymbol{b}-(\boldsymbol{b}\cdot\boldsymbol{c})\boldsymbol{a},$$

即(1.8－1)成立.

推论 1.8.1 对任意向量 $\boldsymbol{a},\boldsymbol{b},\boldsymbol{c}$ 有

$$\boldsymbol{a}\times(\boldsymbol{b}\times\boldsymbol{c})=(\boldsymbol{a}\cdot\boldsymbol{c})\boldsymbol{b}-(\boldsymbol{a}\cdot\boldsymbol{b})\boldsymbol{c},\tag{1.8-2}$$

公式(1.8－2)也称为双重外积公式.

证 $\boldsymbol{a}\times(\boldsymbol{b}\times\boldsymbol{c})=-(\boldsymbol{b}\times\boldsymbol{c})\times\boldsymbol{a}=(\boldsymbol{c}\times\boldsymbol{b})\times\boldsymbol{a}$

$$=(\boldsymbol{a}\cdot\boldsymbol{c})\boldsymbol{b}-(\boldsymbol{a}\cdot\boldsymbol{b})\boldsymbol{c},$$

即(1.8－2)成立.

比较公式(1.8－1)和(1.8－2)可知,$\boldsymbol{a}\times(\boldsymbol{b}\times\boldsymbol{c})$与$(\boldsymbol{a}\times\boldsymbol{b})\times\boldsymbol{c}$ 一般情况下,是不同的两个向量,即$(\boldsymbol{a}\times\boldsymbol{b})\times\boldsymbol{c}\neq\boldsymbol{a}\times(\boldsymbol{b}\times\boldsymbol{c})$,由此可见向量外积不满足结合律.

推论 1.8.2 对任意向量 $\boldsymbol{a},\boldsymbol{b},\boldsymbol{c},\boldsymbol{d}$ 有

$$(\boldsymbol{a}\times\boldsymbol{b})\cdot(\boldsymbol{c}\times\boldsymbol{d})=(\boldsymbol{a}\cdot\boldsymbol{c})(\boldsymbol{b}\cdot\boldsymbol{d})-(\boldsymbol{a}\cdot\boldsymbol{d})(\boldsymbol{b}\cdot\boldsymbol{c}),\tag{1.8-3}$$

公式(1.8－3)称为拉格朗日(Lagrange)恒等式.

证 应用公式(1.7－8),(1.8－1)得

$$(\boldsymbol{a}\times\boldsymbol{b})\cdot(\boldsymbol{c}\times\boldsymbol{d})=[(\boldsymbol{a}\times\boldsymbol{b})\times\boldsymbol{c}]\cdot\boldsymbol{d}$$
$$=[(\boldsymbol{a}\cdot\boldsymbol{c})\boldsymbol{b}-(\boldsymbol{b}\cdot\boldsymbol{c})\boldsymbol{a}]\cdot\boldsymbol{d}$$
$$=(\boldsymbol{a}\cdot\boldsymbol{c})(\boldsymbol{b}\cdot\boldsymbol{d})-(\boldsymbol{a}\cdot\boldsymbol{d})(\boldsymbol{b}\cdot\boldsymbol{c}),$$

即(1.8－3)成立.

拉格朗日恒等式(1.8－3)的一个特殊情况是

$$(\boldsymbol{a}\times\boldsymbol{b})^2=\boldsymbol{a}^2\boldsymbol{b}^2-(\boldsymbol{a}\cdot\boldsymbol{b})^2,$$

这就是公式(1.6－2).

例 1.8.1 证明$(\boldsymbol{a}\times\boldsymbol{b})\times\boldsymbol{c}+(\boldsymbol{b}\times\boldsymbol{c})\times\boldsymbol{a}+(\boldsymbol{c}\times\boldsymbol{a})\times\boldsymbol{b}=\boldsymbol{0}$.

证 因为

$$(\boldsymbol{a}\times\boldsymbol{b})\times\boldsymbol{c}=(\boldsymbol{a}\cdot\boldsymbol{c})\boldsymbol{b}-(\boldsymbol{b}\cdot\boldsymbol{c})\boldsymbol{a},$$
$$(\boldsymbol{b}\times\boldsymbol{c})\times\boldsymbol{a}=(\boldsymbol{a}\cdot\boldsymbol{b})\boldsymbol{c}-(\boldsymbol{a}\cdot\boldsymbol{c})\boldsymbol{b},$$

$$(\boldsymbol{c}\times\boldsymbol{a})\times\boldsymbol{b}=(\boldsymbol{b}\cdot\boldsymbol{c})\boldsymbol{a}-(\boldsymbol{a}\cdot\boldsymbol{b})\boldsymbol{c},$$

三式相加得

$$(\boldsymbol{a}\times\boldsymbol{b})\times\boldsymbol{c}+(\boldsymbol{b}\times\boldsymbol{c})\times\boldsymbol{a}+(\boldsymbol{c}\times\boldsymbol{a})\times\boldsymbol{b}=\boldsymbol{0}.$$

例 1.8.2　证明

$$\begin{aligned}(\boldsymbol{a}\times\boldsymbol{b})\times(\boldsymbol{c}\times\boldsymbol{d})&=(\boldsymbol{acd})\boldsymbol{b}-(\boldsymbol{bcd})\boldsymbol{a}\\&=(\boldsymbol{abd})\boldsymbol{c}-(\boldsymbol{abc})\boldsymbol{d}.\end{aligned}$$

证　应用公式(1.8-1)与(1.7-8)得

$$\begin{aligned}(\boldsymbol{a}\times\boldsymbol{b})\times(\boldsymbol{c}\times\boldsymbol{d})&=[\boldsymbol{a}\cdot(\boldsymbol{c}\times\boldsymbol{d})]\boldsymbol{b}-[\boldsymbol{b}\cdot(\boldsymbol{c}\times\boldsymbol{d})]\boldsymbol{a}\\&=(\boldsymbol{acd})\boldsymbol{b}-(\boldsymbol{bcd})\boldsymbol{a},\end{aligned}$$

应用公式(1.8-2)与(1.7-1)得

$$\begin{aligned}(\boldsymbol{a}\times\boldsymbol{b})\times(\boldsymbol{c}\times\boldsymbol{d})&=[(\boldsymbol{a}\times\boldsymbol{b})\cdot\boldsymbol{d}]\boldsymbol{c}-[(\boldsymbol{a}\times\boldsymbol{b})\cdot\boldsymbol{c}]\boldsymbol{d}\\&=(\boldsymbol{abd})\boldsymbol{c}-(\boldsymbol{abc})\boldsymbol{d}.\end{aligned}$$

习题 1.8

1. 已知 $\boldsymbol{a},\boldsymbol{b},\boldsymbol{c}$ 两两夹角为 $\frac{\pi}{3}$，且 $|\boldsymbol{a}|=|\boldsymbol{b}|=|\boldsymbol{c}|=2$，试求 $(\boldsymbol{a}\times\boldsymbol{b})\times\boldsymbol{c}$ 和 $\boldsymbol{a}\times(\boldsymbol{b}\times\boldsymbol{c})$.

2. 证明：

$$(\boldsymbol{a}\times\boldsymbol{b})\cdot(\boldsymbol{c}\times\boldsymbol{d})+(\boldsymbol{b}\times\boldsymbol{c})\cdot(\boldsymbol{a}\times\boldsymbol{d})+(\boldsymbol{c}\times\boldsymbol{a})\cdot(\boldsymbol{b}\times\boldsymbol{d})=0.$$

3. 证明：$(\boldsymbol{a}\times\boldsymbol{b})\times(\boldsymbol{a}\times\boldsymbol{c})=(\boldsymbol{abc})\boldsymbol{a}$.

4. 证明：

$$(\boldsymbol{a}\times\boldsymbol{b},\boldsymbol{c}\times\boldsymbol{d},\boldsymbol{e}\times\boldsymbol{f})=(\boldsymbol{a},\boldsymbol{b},\boldsymbol{d})(\boldsymbol{c},\boldsymbol{e},\boldsymbol{f})-(\boldsymbol{a},\boldsymbol{b},\boldsymbol{c})(\boldsymbol{d},\boldsymbol{e},\boldsymbol{f}).$$

5. 证明：$\boldsymbol{a}\times\boldsymbol{b},\boldsymbol{b}\times\boldsymbol{c},\boldsymbol{c}\times\boldsymbol{a}$ 共面的充要条件是 $(\boldsymbol{a},\boldsymbol{b},\boldsymbol{c})=0$.

1.9　向量运算的坐标表示

这一节我们将在空间建立直角坐标系，由此引入向量的坐标与点的坐标.这样可应用向量的坐标将向量的运算转化为数的运算，通过点的坐标可使空间的图形用方程表示.从而我们可以灵活使用向量法和坐标法，更加方便地解决几何问题.

1.9.1 空间直角坐标系

根据定理 1.4.5,我们知道若空间取定三个不共面的向量 $\boldsymbol{a},\boldsymbol{b},\boldsymbol{c}$ 作为基本向量,则空间任意一个向量 $\boldsymbol{d}$ 总可以分解为 $\boldsymbol{a},\boldsymbol{b},\boldsymbol{c}$ 的线性组合

$$\boldsymbol{d}=x\boldsymbol{a}+y\boldsymbol{b}+z\boldsymbol{c},$$

其中系数 x,y,z 是由基本向量 $\boldsymbol{a},\boldsymbol{b},\boldsymbol{c}$ 唯一确定的一组有序实数.

据此我们可建立空间直角坐标系,从而引入向量的坐标与点的坐标.

定义 1.9.1 空间中的一个定点 O 与以 O 为始点且互相垂直的三个单位向量 $\boldsymbol{i},\boldsymbol{j},\boldsymbol{k}$ 合在一起称为空间的一个**直角坐标系**或**直角标架**,记作 $\{O;\boldsymbol{i},\boldsymbol{j},\boldsymbol{k}\}$.其中点 O 称为**坐标原点**;向量 $\boldsymbol{i},\boldsymbol{j},\boldsymbol{k}$ 称为直角坐标系的**坐标向量**或**基本向量**.

定义 1.9.2 设 $\{O;\boldsymbol{i},\boldsymbol{j},\boldsymbol{k}\}$ 为空间直角坐标系,空间任意一个向量 $\boldsymbol{a}$ 关于坐标向量 $\boldsymbol{i},\boldsymbol{j},\boldsymbol{k}$ 的分解式是

$$\boldsymbol{a}=X\boldsymbol{i}+Y\boldsymbol{j}+Z\boldsymbol{k}, \tag{1.9-1}$$

则称 X,Y,Z 为向量 $\boldsymbol{a}$ 关于坐标系 $\{O;\boldsymbol{i},\boldsymbol{j},\boldsymbol{k}\}$ 的**坐标**或**分量**,记作 $\{X,Y,Z\}$,(1.9-1)可简记为

$$\boldsymbol{a}=\{X,Y,Z\}.$$

特别地,三个坐标向量 $\boldsymbol{i},\boldsymbol{j},\boldsymbol{k}$ 的坐标依次为

$$\boldsymbol{i}=\{1,0,0\},\ \boldsymbol{j}=\{0,1,0\},\ \boldsymbol{k}=\{0,0,1\}. \tag{1.9-2}$$

定义 1.9.3 设 $\{O;\boldsymbol{i},\boldsymbol{j},\boldsymbol{k}\}$ 为空间直角坐标系,空间中任意一点 P 关于原点 O 的向径为

$$\boldsymbol{OP}=x\boldsymbol{i}+y\boldsymbol{j}+z\boldsymbol{k}=\{x,y,z\},$$

则将向径 $\boldsymbol{OP}$ 的坐标 x,y,z 称为点 P 关于坐标系 $\{O;\boldsymbol{i},\boldsymbol{j},\boldsymbol{k}\}$ 的坐标,记作 $P(x,y,z)$ 或 (x,y,z).

空间取定一个直角坐标系 $\{O;\boldsymbol{i},\boldsymbol{j},\boldsymbol{k}\}$ 后,根据定理 1.4.5,空间中向量 $\boldsymbol{a}$ 与有序三元实数组 $\{X,Y,Z\}$ 之间就建立了一一对应关系;通过点 P 的向径 $\boldsymbol{OP}=\{x,y,z\}$,空间中的点 P 与有序三数组 (x,y,z) 之间也建立了一一对应关系.

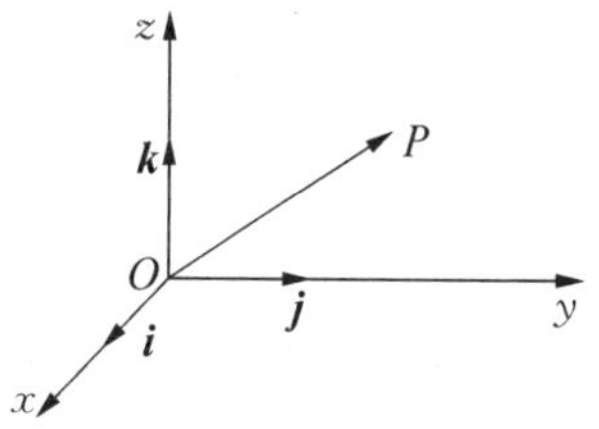

图 1.9.1

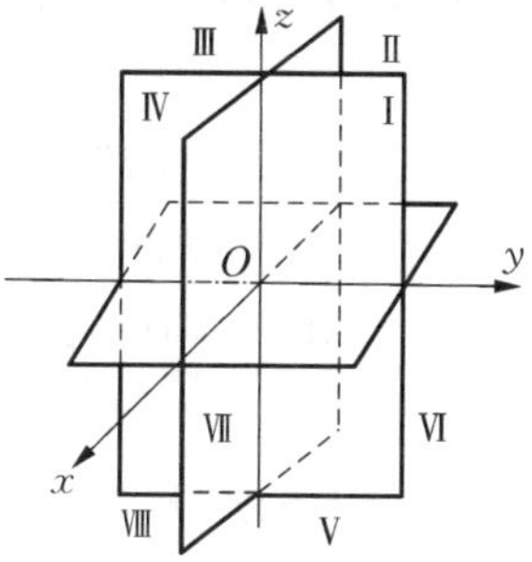

图 1.9.2

定义 1.9.4 设$\{O;\boldsymbol{i},\boldsymbol{j},\boldsymbol{k}\}$为空间直角坐标系,则

(1) 过原点 O 且分别与$\boldsymbol{i},\boldsymbol{j},\boldsymbol{k}$ 同向的有向直线Ox,Oy,Oz(图 1.9.1)都称为**坐标轴**,并依次称为 $\boldsymbol{x}$ **轴**,$\boldsymbol{y}$ **轴**,$\boldsymbol{z}$ **轴**.坐标系$\{O;\boldsymbol{i},\boldsymbol{j},\boldsymbol{k}\}$有时也记作$O-xyz$.

(2) 每两坐标轴决定的平面 xOy,yOz,zOx 都称为**坐标平面**,并依次称为 $\boldsymbol{xy}$ **面**,$\boldsymbol{yz}$ **面**,$\boldsymbol{zx}$ **面**.

(3) 三坐标轴把空间划分为八个区域,每个区域都称为**卦限**,八个卦限的排列顺序如图 1.9.2 所示,它们依次称为第Ⅰ卦限,第Ⅱ卦限,…,第Ⅷ卦限.

在八个卦限内,不同卦限内点的坐标的符号各不相同,各卦限内点的坐标(x,y,z)的符号如表 1.9.1 所示.

表 1.9.1

符号 卦限 / 坐标	Ⅰ	Ⅱ	Ⅲ	Ⅳ	Ⅴ	Ⅵ	Ⅶ	Ⅷ
x	+	−	−	+	+	−	−	+
y	+	+	−	−	+	+	−	−
z	+	+	+	+	−	−	−	−

坐标面上的点不属于任何一个卦限.坐标面与坐标轴上的点的坐标有如下规律.

推论 1.9.1 关于直角坐标系$\{O;\boldsymbol{i},\boldsymbol{j},\boldsymbol{k}\}$有

(1) 坐标面 xOy,yOz,zOx 上的点的坐标分别为$(x,y,0)$,$(0,y,z)$,$(x,0,z)$;

(2) 坐标轴 Ox,Oy,Oz 上的点的坐标分别为 $(x,0,0),(0,y,0),(0,0,z)$;

(3) 坐标原点 O 的坐标为 $(0,0,0)$.

证 (1) 对于 xOy 坐标面上的点 P,因为它的向径 $\boldsymbol{OP}$ 与坐标向量 $\boldsymbol{i},\boldsymbol{j}$ 共面,根据定理 1.4.3,$\boldsymbol{OP}$ 可唯一地表示为

$$\boldsymbol{OP}=x\boldsymbol{i}+y\boldsymbol{j}+0\cdot\boldsymbol{k},$$

所以坐标面 xOy 上的点 P 的坐标为 $(x,y,0)$.同理坐标面 yOz,zOx 上的点的坐标分别为 $(0,y,z),(x,0,z)$.

(2) 对于 x 轴上的点 P,因为它的向径 $\boldsymbol{OP}$ 与坐标向量 $\boldsymbol{i}$ 共线,根据定理 1.4.1,$\boldsymbol{OP}$ 可唯一地表示成

$$\boldsymbol{OP}=x\boldsymbol{i}+0\cdot\boldsymbol{j}+0\cdot\boldsymbol{k},$$

所以 x 轴上点 P 的坐标为 $(x,0,0)$.同理 y 轴与 z 轴上的点的坐标为 $(0,y,0)$ 与 $(0,0,z)$.

(3) 因为原点 O 的向径 $\boldsymbol{OO}=\boldsymbol{O}$,它可唯一表示为

$$\boldsymbol{OO}=0\cdot\boldsymbol{i}+0\cdot\boldsymbol{j}+0\cdot\boldsymbol{k},$$

所以原点 O 的坐标为 $(0,0,0)$.

定义 1.9.5 对于直角坐标系 $\{O;\boldsymbol{i},\boldsymbol{j},\boldsymbol{k}\}$,当坐标向量组 $\{\boldsymbol{i},\boldsymbol{j},\boldsymbol{k}\}$ 成右旋向量组时,则称 $\{O;\boldsymbol{i},\boldsymbol{j},\boldsymbol{k}\}$ 为**右旋直角坐标系**或称**右手直角坐标系**;当坐标向量组 $\{\boldsymbol{i},\boldsymbol{j},\boldsymbol{k}\}$ 成左旋向量组时,则称 $\{O;\boldsymbol{i},\boldsymbol{j},\boldsymbol{k}\}$ 为**左旋直角坐标系**或称**左手直角坐标系**.

本书今后所采用的坐标系都是空间右手直角坐标系.

1.9.2 向量运算的坐标表示

1. 线性运算

定理 1.9.1 设 $\boldsymbol{a}=\{X_1,Y_1,Z_1\},\boldsymbol{b}=\{X_2,Y_2,Z_2\}$,则

(1) $\boldsymbol{a}\pm\boldsymbol{b}=\{X_1\pm X_2,Y_1\pm Y_2,Z_1\pm Z_2\}$; (1.9-3)

(2) $\lambda\boldsymbol{a}=\{\lambda X_1,\lambda Y_1,\lambda Z_1\}$. (1.9-4)

证 (1)
$$\begin{aligned}\boldsymbol{a}\pm\boldsymbol{b}&=(X_1\boldsymbol{i}+Y_1\boldsymbol{j}+Z_1\boldsymbol{k})\pm(X_2\boldsymbol{i}+Y_2\boldsymbol{j}+Z_2\boldsymbol{k})\\&=(X_1\pm X_2)\boldsymbol{i}+(Y_1\pm Y_2)\boldsymbol{j}+(Z_1\pm Z_2)\boldsymbol{k},\end{aligned}$$

即
$$\boldsymbol{a}\pm\boldsymbol{b}=\{X_1\pm X_2,Y_1\pm Y_2,Z_1\pm Z_2\}.$$

(2) $\lambda\boldsymbol{a}=\lambda(X_1\boldsymbol{i}+Y_1\boldsymbol{j}+Z_1\boldsymbol{k})=(\lambda X_1)\boldsymbol{i}+(\lambda Y_1)\boldsymbol{j}+(\lambda Z_1)\boldsymbol{k}$,

即

$$\lambda\boldsymbol{a}=\{\lambda X_1,\lambda Y_1,\lambda Z_1\}.$$

定理 1.9.2　设 $P_1(x_1,y_1,z_1)$，$P_2(x_2,y_2,z_2)$，则

$$\boldsymbol{P_1P_2}=\{x_2-x_1,y_2-y_1,z_2-z_1\}. \tag{1.9-5}$$

公式(1.9-5)表示向量的坐标等于其终点坐标减去始点的同名坐标，特别地向径 $\boldsymbol{OP}$ 的坐标等于其终点坐标.公式(1.9-5)给出了向量的坐标与点的坐标之间的联系.

证　$\boldsymbol{P_1P_2}=\boldsymbol{OP_2}-\boldsymbol{OP_1}=\{x_2,y_2,z_2\}-\{x_1,y_1,z_1\}$

$$=\{x_2-x_1,y_2-y_1,z_2-z_1\}.$$

定理 1.9.3　设 $A(x_1,y_1,z_1)$，$B(x_2,y_2,z_2)$，点 P 分有向线段$\overline{AB}$成定比 $\lambda(\lambda\neq-1)$，即 $\boldsymbol{AP}=\lambda\boldsymbol{PB}$，则定比分点 P 的坐标为

$$x=\frac{x_1+\lambda x_2}{1+\lambda},\ y=\frac{y_1+\lambda y_2}{1+\lambda},\ z=\frac{z_1+\lambda z_2}{1+\lambda}. \tag{1.9-6}$$

特别地，线段 P_1P_2 的中点 P_0 的坐标为

$$x=\frac{x_1+x_2}{2},\ y=\frac{y_1+y_2}{2},\ z=\frac{z_1+z_2}{2}. \tag{1.9-7}$$

证　应用公式(1.3-10)

$$\boldsymbol{OP}=\frac{\boldsymbol{OA}+\lambda\boldsymbol{OB}}{1+\lambda},$$

设 $\boldsymbol{OP}=\{x,y,z\}$，而 $\boldsymbol{OA}=\{x_1,y_1,z_1\}$，$\boldsymbol{OB}=\{x_2,y_2,z_2\}$，代入上式应用公式(1.9-3)，(1.9-4)计算即得点 P 的坐标为

$$x=\frac{x_1+\lambda x_2}{1+\lambda},\ y=\frac{y_1+\lambda y_2}{1+\lambda},\ z=\frac{z_1+\lambda z_2}{1+\lambda},$$

所以公式(1.9-6)成立，从而(1.9-7)成立.

定理 1.9.4　设非零向量 $\boldsymbol{a}=\{X_1,Y_1,Z_1\}$，$\boldsymbol{b}=\{X_2,Y_2,Z_2\}$，则向量 $\boldsymbol{a}$ 与 $\boldsymbol{b}$ 共线的充要条件是：

$$\frac{X_1}{X_2}=\frac{Y_1}{Y_2}=\frac{Z_1}{Z_2}. \tag{1.9-8}$$

证　因为非零向量 $\boldsymbol{a}$ 与 $\boldsymbol{b}$ 共线的充要条件为

$$\boldsymbol{b}=\lambda\boldsymbol{a},$$

将向量 $\boldsymbol{a}$，$\boldsymbol{b}$ 的坐标代入得

$$\{X_2,Y_2,Z_2\}=\{\lambda X_1,\lambda Y_1,\lambda Z_1\},$$

所以 $$X_2=\lambda X_1, Y_2=\lambda Y_1, Z_2=\lambda Z_1,$$

从而 $$\frac{X_1}{X_2}=\frac{Y_1}{Y_2}=\frac{Z_1}{Z_2}.$$

即(1.9-8)是 $\boldsymbol{a}$ 与 $\boldsymbol{b}$ 共线的充要条件.

例 1.9.1 已知平行四边形 $ABCD$ 的三个顶点为 $A(-1,1,1)$, $B(2,0,1)$, $C(0,2,3)$,求顶点 B 所对的第四顶点 D 的坐标.

解 因为$\square ABCD$ 中顶点 D 为顶点 B 的对顶点,所以有

$$\begin{aligned}\boldsymbol{OD}&=\boldsymbol{OA}+\boldsymbol{AD}=\boldsymbol{OA}+\boldsymbol{BC}\\&=\{-1,1,1\}+\{0-2,2-0,3-1\}\\&=\{-3,3,3\},\end{aligned}$$

所以顶点 D 的坐标为$(-3,3,3)$.

例 1.9.2 已知 $A(2,0,1)$, $B(-4,2,-3)$,点 C 分$\overline{AB}$所成定比为-3,求分点 C 的坐标.

解 因为 $\boldsymbol{AC}=-3\boldsymbol{CB}$,

应用公式(1.3-10)有

$$\begin{aligned}\boldsymbol{OC}&=\frac{\boldsymbol{OA}-3\boldsymbol{OB}}{1-3}\\&=-\frac{1}{2}[\{2,0,1\}-3\{-4,2,-3\}]\\&=-\frac{1}{2}\{14,-6,10\}=\{-7,3,-5\},\end{aligned}$$

所以 C 点的坐标为$(-7,3,-5)$.

本例说明计算线段定比分点的三个坐标不必用公式(1.9-6)分别计算,可直接应用定比分点的向量公式(1.3-10)一并计算.

2. 内积

定理 1.9.5 设 $\boldsymbol{a}=\{X_1,Y_1,Z_1\}$, $\boldsymbol{b}=\{X_2,Y_2,Z_2\}$,则

$$\boldsymbol{a}\cdot\boldsymbol{b}=X_1X_2+Y_1Y_2+Z_1Z_2. \tag{1.9-9}$$

证 因为 $\boldsymbol{i}^2=\boldsymbol{j}^2=\boldsymbol{k}^2=1$,

$$\boldsymbol{i}\cdot\boldsymbol{j}=\boldsymbol{j}\cdot\boldsymbol{k}=\boldsymbol{k}\cdot\boldsymbol{i}=0,$$

所以 $$\begin{aligned}\boldsymbol{a}\cdot\boldsymbol{b}&=(X_1\boldsymbol{i}+Y_1\boldsymbol{j}+Z_1\boldsymbol{k})\cdot(X_2\boldsymbol{i}+Y_2\boldsymbol{j}+Z_2\boldsymbol{k})\\&=X_1X_2+Y_1Y_2+Z_1Z_2.\end{aligned}$$

内积通过坐标表示以后，向量的长度、交角、射影等量都可以用坐标进行计算.

根据公式(1.9－9)立即可得向量长度的计算公式如下：

定理 1.9.6 设 $\boldsymbol{a}=\{X,Y,Z\}$，则有

(1) $\boldsymbol{a}^2=\boldsymbol{a}\cdot\boldsymbol{a}=X^2+Y^2+Z^2$， (1.9－10)

(2) $|\boldsymbol{a}|=\sqrt{\boldsymbol{a}^2}=\sqrt{X^2+Y^2+Z^2}$. (1.9－11)

从而应用(1.9－11)与(1.9－5)可得两点距离的计算公式：

定理 1.9.7 空间两点 $P_1(x_1,y_1,z_1)$与 $P_2(x_2,y_2,z_2)$之间的距离为

$$d=|\boldsymbol{P}_1\boldsymbol{P}_2|=\sqrt{(x_2-x_1)^2+(y_2-y_1)^2+(z_2-z_1)^2}. \quad (1.9-12)$$

应用(1.5－12)，(1.9－9)，(1.9－11)可得两向量交角的计算公式.

定理 1.9.8 设两非零向量为 $\boldsymbol{a}=\{X_1,Y_1,Z_1\}$，$\boldsymbol{b}=\{X_2,Y_2,Z_2\}$，则

$$\cos\angle(\boldsymbol{a},\boldsymbol{b})=\frac{\boldsymbol{a}\cdot\boldsymbol{b}}{|\boldsymbol{a}||\boldsymbol{b}|}=\frac{X_1X_2+Y_1Y_2+Z_1Z_2}{\sqrt{X_1{}^2+Y_1{}^2+Z_1{}^2}\sqrt{X_2{}^2+Y_2{}^2+Z_2{}^2}}. \quad (1.9-13)$$

应用(1.9－13)或直接应用定理 1.5.3 与公式(1.9－9)可得

推论 1.9.2 设向理 $\boldsymbol{a}=\{X_1,Y_1,Z_1\}$，$\boldsymbol{b}=\{X_2,Y_2,Z_2\}$，则 $\boldsymbol{a}$ 与 $\boldsymbol{b}$ 互相垂直的充要条件是

$$X_1X_2+Y_1Y_2+Z_1Z_2=0. \quad (1.9-14)$$

应用公式(1.5－10)，(1.9－9)与(1.9－11)还可得射影计算公式.

定理 1.9.9 设向量 $\boldsymbol{a}=\{X_1,Y_1,Z_1\}$，$\boldsymbol{b}=\{X_2,Y_2,Z_2\}\neq\boldsymbol{0}$，则 $\boldsymbol{a}$ 在 $\boldsymbol{b}$ 上的射影为

$$\text{射影}_{\boldsymbol{b}}\boldsymbol{a}=\frac{\boldsymbol{a}\cdot\boldsymbol{b}}{|\boldsymbol{b}|}=\frac{X_1X_2+Y_1Y_2+Z_1Z_2}{\sqrt{X_2{}^2+Y_2{}^2+Z_2{}^2}}. \quad (1.9-15)$$

通过内积可以比较简单地阐明向量及其单位向量的坐标的几何意义.

首先向量的坐标可用内积表示如下：

定理 1.9.10 在直角坐标系$\{O;\boldsymbol{i},\boldsymbol{j},\boldsymbol{k}\}$下，任意一个向量 $\boldsymbol{a}$ 有

$$\boldsymbol{a}=\{\boldsymbol{a}\cdot\boldsymbol{i},\boldsymbol{a}\cdot\boldsymbol{j},\boldsymbol{a}\cdot\boldsymbol{k}\}. \quad (1.9-16)$$

证 设 $\boldsymbol{a}=\{X,Y,Z\}$，

而 $\boldsymbol{i}=\{1,0,0\}$，$\boldsymbol{j}=\{0,1,0\}$，$\boldsymbol{k}=\{0,0,1\}$，

从而 $\boldsymbol{a}\cdot\boldsymbol{i}=X$，$\boldsymbol{a}\cdot\boldsymbol{j}=Y$，$\boldsymbol{a}\cdot\boldsymbol{k}=Z$.

所以(1.9-16)成立.

应用(1.9-16)可推知向量的坐标有如下几何意义：

定理 1.9.11 在直角坐标系$\{O;\boldsymbol{i},\boldsymbol{j},\boldsymbol{k}\}$下，任意一个向量$\boldsymbol{a}$有

$$\boldsymbol{a}=\{射影_{\boldsymbol{i}}\boldsymbol{a},射影_{\boldsymbol{j}}\boldsymbol{a},射影_{\boldsymbol{k}}\boldsymbol{a}\}. \tag{1.9-17}$$

(1.9-17)表明向量$\boldsymbol{a}$的三个坐标是$\boldsymbol{a}$在三个坐标轴上的射影.

证 根据公式(1.5-11)，任意向量$\boldsymbol{a}$有

$$\boldsymbol{a}\cdot\boldsymbol{i}=射影_{\boldsymbol{i}}\boldsymbol{a},\ \boldsymbol{a}\cdot\boldsymbol{j}=射影_{\boldsymbol{j}}\boldsymbol{a},\ \boldsymbol{a}\cdot\boldsymbol{k}=射影_{\boldsymbol{k}}\boldsymbol{a},$$

将它们代入(1.9-16)即得(1.9-17).

下面我们先给出非零向量的单位向量的坐标计算公式，然后再进一步阐明其坐标的几何意义.

将公式(1.3-4)用坐标表示立即可得

定理 1.9.12 设$\boldsymbol{a}=\{X,Y,Z\}\neq\boldsymbol{0}$，则$\boldsymbol{a}$的单位向量为

$$\boldsymbol{a}^0=\frac{\boldsymbol{a}}{|\boldsymbol{a}|}=\left\{\frac{X}{\sqrt{X^2+Y^2+Z^2}},\frac{Y}{\sqrt{X^2+Y^2+Z^2}},\frac{Z}{\sqrt{X^2+Y^2+Z^2}}\right\}. \tag{1.9-18}$$

为了说明$\boldsymbol{a}^0$的坐标的几何意义，先引入一个向量的方向角与方向余弦的概念如下：

定义 1.9.6 设向量$\boldsymbol{a}$与三坐标轴的交角为

$$\angle(\boldsymbol{a},\boldsymbol{i})=\alpha,\ \angle(\boldsymbol{a},\boldsymbol{j})=\beta,\ \angle(\boldsymbol{a},\boldsymbol{k})=\gamma,$$

则：

(1) 角α,β,γ称为向量$\boldsymbol{a}$的**方向角**；

(2) 方向角的余弦$\cos\alpha,\cos\beta,\cos\gamma$称为向量$\boldsymbol{a}$的**方向余弦.**

非零向量$\boldsymbol{a}$的单位向量$\boldsymbol{a}^0$的坐标的几何意义如下：

定理 1.9.13 设非零向量$\boldsymbol{a}$的方向余弦为$\cos\alpha,\cos\beta,\cos\gamma$，则$\boldsymbol{a}$的单位向量为

$$\boldsymbol{a}^0=\{\cos\alpha,\cos\beta,\cos\gamma\}, \tag{1.9-19}$$

并且方向余弦满足关系式

$$\cos^2\alpha+\cos^2\beta+\cos^2\gamma=1. \tag{1.9-20}$$

公式(1.9-19)表明一个向量的单位向量的坐标即是这个向量的方向余弦.

证 应用公式(1.9-16)得

$$\begin{aligned}\boldsymbol{a}^0 &= \{\boldsymbol{a}^0\cdot\boldsymbol{i},\boldsymbol{a}^0\cdot\boldsymbol{j},\boldsymbol{a}^0\cdot\boldsymbol{k}\}\\ &=\{\cos\angle(\boldsymbol{a}^0,\boldsymbol{i}),\cos\angle(\boldsymbol{a}^0,\boldsymbol{j}),\cos\angle(\boldsymbol{a}^0,\boldsymbol{k})\}\\ &=\{\cos\alpha,\cos\beta,\cos\gamma\},\end{aligned}$$

即(1.9-19)成立.从而有

$$\cos^2\alpha+\cos^2\beta+\cos^2\gamma=(\boldsymbol{a}^\circ)^2=1,$$

即(1.9-20)成立.

例 1.9.3 已知三点 $A(1,0,0)$,$B(3,1,1)$,$C(2,0,1)$,且 $\boldsymbol{BC}=\boldsymbol{a}$,$\boldsymbol{CA}=\boldsymbol{b}$,$\boldsymbol{AB}=\boldsymbol{c}$,求:(1) $\boldsymbol{a}$ 与 $\boldsymbol{b}$ 的夹角,(2) $\boldsymbol{a}$ 在 $\boldsymbol{c}$ 上的射影,(3) $\boldsymbol{a}$ 的方向余弦.

解 应用(1.9-5),(1.9-11)可得

$$\boldsymbol{a}=\boldsymbol{BC}=\{-1,-1,0\},\ |\boldsymbol{a}|=\sqrt{2};$$

$$\boldsymbol{b}=\boldsymbol{CA}=\{-1,0,-1\},\ |\boldsymbol{b}|=\sqrt{2};$$

$$\boldsymbol{c}=\boldsymbol{AB}=\{2,1,1\},\ |\boldsymbol{c}|=\sqrt{6}.$$

又应用(1.9-9)计算得

$$\boldsymbol{a}\cdot\boldsymbol{b}=(-1)(-1)+(-1)\cdot 0+0\cdot(-1)=1;$$

$$\boldsymbol{a}\cdot\boldsymbol{c}=(-1)\cdot 2+(-1)\cdot 1+0\cdot 1=-3.$$

从而可得

(1) $\cos\angle(\boldsymbol{a}\cdot\boldsymbol{b})=\dfrac{\boldsymbol{a}\cdot\boldsymbol{b}}{|\boldsymbol{a}||\boldsymbol{b}|}=\dfrac{1}{\sqrt{2}\sqrt{2}}=\dfrac{1}{2}$,

所以 $$\angle(\boldsymbol{a},\boldsymbol{b})=\frac{\pi}{3};$$

(2) $\text{射影}_{\boldsymbol{c}}\boldsymbol{a}=\dfrac{\boldsymbol{a}\cdot\boldsymbol{c}}{|\boldsymbol{c}|}=\dfrac{-3}{\sqrt{6}}=-\dfrac{\sqrt{6}}{2}$;

(3) 因为 $\boldsymbol{a}$ 的单位向量为

$$\boldsymbol{a}^\circ=\frac{\boldsymbol{a}}{|\boldsymbol{a}|}=\left\{-\frac{1}{\sqrt{2}},-\frac{1}{\sqrt{2}},\frac{0}{\sqrt{2}}\right\}=\left\{-\frac{\sqrt{2}}{2},-\frac{\sqrt{2}}{2},0\right\},$$

所以 $\boldsymbol{a}$ 的方向余弦为

$$\{\cos\alpha,\cos\beta,\cos\gamma\}=\left\{-\frac{\sqrt{2}}{2},-\frac{\sqrt{2}}{2},0\right\}.$$

3. 外积

首先,对于右手直角坐标系$\{O;\boldsymbol{i},\boldsymbol{j},\boldsymbol{k}\}$,因为三个坐标向量 $\boldsymbol{i},\boldsymbol{j},\boldsymbol{k}$ 为两两

垂直的单位向量，且$\{\boldsymbol{i},\boldsymbol{j},\boldsymbol{k}\}$成右旋向量组，所以$\boldsymbol{i},\boldsymbol{j},\boldsymbol{k}$满足下列关系式：

$$\begin{gathered}\boldsymbol{i}\times\boldsymbol{j}=\boldsymbol{k},\ \boldsymbol{j}\times\boldsymbol{k}=\boldsymbol{i},\ \boldsymbol{k}\times\boldsymbol{i}=\boldsymbol{j},\\ \boldsymbol{j}\times\boldsymbol{i}=-\boldsymbol{k},\ \boldsymbol{k}\times\boldsymbol{j}=-\boldsymbol{i},\ \boldsymbol{i}\times\boldsymbol{k}=-\boldsymbol{j},\\ \boldsymbol{i}\times\boldsymbol{i}=\boldsymbol{0},\ \boldsymbol{j}\times\boldsymbol{j}=\boldsymbol{0},\ \boldsymbol{k}\times\boldsymbol{k}=\boldsymbol{0}.\end{gathered}\tag{1.9 - 21}$$

定理 1.9.14 设$\boldsymbol{a}=\{X_1,Y_1,Z_1\}$，$\boldsymbol{b}=\{X_2,Y_2,Z_2\}$，则

$$\boldsymbol{a}\times\boldsymbol{b}=\left\{\begin{vmatrix}Y_1 & Z_1\\ Y_2 & Z_2\end{vmatrix},\begin{vmatrix}Z_1 & X_1\\ Z_2 & X_2\end{vmatrix},\begin{vmatrix}X_1 & Y_1\\ X_2 & Y_2\end{vmatrix}\right\},\tag{1.9 - 22}$$

用行列式形式表示即是

$$\boldsymbol{a}\times\boldsymbol{b}=\begin{vmatrix}\boldsymbol{i} & \boldsymbol{j} & \boldsymbol{k}\\ X_1 & Y_1 & Z_1\\ X_2 & Y_2 & Z_2\end{vmatrix}.\tag{1.9 - 23}$$

证 因为

$$\begin{aligned}\boldsymbol{a}\times\boldsymbol{b}&=(X_1\boldsymbol{i}+Y_1\boldsymbol{j}+Z_1\boldsymbol{k})\times(X_2\boldsymbol{i}+Y_2\boldsymbol{j}+Z_2\boldsymbol{k})\\ &=X_1X_2(\boldsymbol{i}\times\boldsymbol{i})+X_1Y_2(\boldsymbol{i}\times\boldsymbol{j})+X_1Z_2(\boldsymbol{i}\times\boldsymbol{k})\\ &\quad+Y_1X_2(\boldsymbol{j}\times\boldsymbol{i})+Y_1Y_2(\boldsymbol{j}\times\boldsymbol{j})+Y_1Z_2(\boldsymbol{j}\times\boldsymbol{k})\\ &\quad+Z_1X_2(\boldsymbol{k}\times\boldsymbol{i})+Z_1Y_2(\boldsymbol{k}\times\boldsymbol{j})+Z_1Z_2(\boldsymbol{k}\times\boldsymbol{k}),\end{aligned}$$

应用(1.9 - 21)将上式整理得

$$\begin{aligned}\boldsymbol{a}\times\boldsymbol{b}=&(Y_1Z_2-Y_2Z_1)\boldsymbol{i}+(Z_1X_2-Z_2X_1)\boldsymbol{j}\\ &+(X_1Y_2-X_2Y_1)\boldsymbol{k},\end{aligned}$$

即

$$\boldsymbol{a}\times\boldsymbol{b}=\begin{vmatrix}Y_1 & Z_1\\ Y_2 & Z_2\end{vmatrix}\boldsymbol{i}+\begin{vmatrix}Z_1 & X_1\\ Z_2 & X_2\end{vmatrix}\boldsymbol{j}+\begin{vmatrix}X_1 & Y_1\\ X_2 & Y_2\end{vmatrix}\boldsymbol{k}.$$

此即(1.9 - 22)式，用行列式形式可表示成(1.9 - 23).

例 1.9.4 已知$\triangle ABC$的三个顶点$A(3,1,1)$，$B(1,-1,1)$，$C(1,0,0)$，求$\triangle ABC$的面积和AB边上的高.

解 易知：

$$\triangle ABC\text{ 的面积 }S=\frac{1}{2}|\boldsymbol{AB}\times\boldsymbol{AC}|,$$

$$AB\text{ 边上的高 }h=\frac{2S}{|\boldsymbol{AB}|}=\frac{|\boldsymbol{AB}\times\boldsymbol{AC}|}{|\boldsymbol{AB}|}.$$

因为 $\boldsymbol{AB}=\{-2,-2,0\}$，$\boldsymbol{AC}=\{-2,-1,-1\}$，

$$\boldsymbol{AB}\times\boldsymbol{AC}=\begin{vmatrix}\boldsymbol{i}&\boldsymbol{j}&\boldsymbol{k}\\-2&-2&0\\-2&-1&-1\end{vmatrix}=\{2,-2,-2\},$$

$$|\boldsymbol{AB}\times\boldsymbol{AC}|=\sqrt{2^2+(-2)^2+(-2)^2}=2\sqrt{3},$$

$$|\boldsymbol{AB}|=\sqrt{(-2)^2+(-2)^2+0^2}=2\sqrt{2},$$

所以

$$S=\frac{1}{2}|\boldsymbol{AB}\times\boldsymbol{AC}|=\frac{2\sqrt{3}}{2}=\sqrt{3},$$

$$h=\frac{|\boldsymbol{AB}\times\boldsymbol{AC}|}{|\boldsymbol{AB}|}=\frac{2\sqrt{3}}{2\sqrt{2}}=\frac{\sqrt{6}}{2}.$$

例 1.9.5　已知向量 $\boldsymbol{a}=\{1,0,1\}$，$\boldsymbol{b}=\{0,2,1\}$，向量 $\boldsymbol{c}$ 与 $\boldsymbol{a},\boldsymbol{b}$ 都垂直，且 $(\boldsymbol{a},\boldsymbol{b},\boldsymbol{c})<0$，$|\boldsymbol{c}|=3$，求向量 $\boldsymbol{c}$.

解　由 $1:0:1\neq 0:2:1$ 知 $\boldsymbol{a}\nparallel\boldsymbol{b}$，又因为 $\boldsymbol{c}\perp\boldsymbol{a}$，$\boldsymbol{c}\perp\boldsymbol{b}$，根据外积定义1.6.1知

$$\boldsymbol{c}\parallel\boldsymbol{a}\times\boldsymbol{b},$$

而 $\boldsymbol{a}\times\boldsymbol{b}\neq\boldsymbol{0}$，根据定理 1.4.1 可设

$$\boldsymbol{c}=\lambda(\boldsymbol{a}\times\boldsymbol{b}),\tag{1}$$

由(1)两边与 $\boldsymbol{a}\times\boldsymbol{b}$ 作内积，并由题设条件得

$$(\boldsymbol{abc})=\lambda(\boldsymbol{a}\times\boldsymbol{b})^2<0,$$

所以

$$\lambda<0.$$

又从(1)得

$$|\boldsymbol{c}|=|\lambda(\boldsymbol{a}\times\boldsymbol{b})|=|\lambda||\boldsymbol{a}\times\boldsymbol{b}|=-\lambda|\boldsymbol{a}\times\boldsymbol{b}|,$$

由此得

$$\lambda=-\frac{|\boldsymbol{c}|}{|\boldsymbol{a}\times\boldsymbol{b}|}=-\frac{3}{|\boldsymbol{a}\times\boldsymbol{b}|}.\tag{2}$$

(2)代入(1)得

$$\boldsymbol{c}=-\frac{3}{|\boldsymbol{a}\times\boldsymbol{b}|}(\boldsymbol{a}\times\boldsymbol{b}),\tag{3}$$

而

$$\boldsymbol{a}\times\boldsymbol{b}=\begin{vmatrix}\boldsymbol{i}&\boldsymbol{j}&\boldsymbol{k}\\1&0&1\\0&2&1\end{vmatrix}=\{-2,-1,2\},$$

$$|\boldsymbol{a}\times\boldsymbol{b}|=\sqrt{(-2)^2+(-1)^2+2^2}=3,$$

由此代入(3)即得

$$\boldsymbol{c}=\{2,1,-2\}.$$

4. 混合积

下面用向量的坐标来表示混合积.

定理 1.9.15 设 $\boldsymbol{a}=\{X_1,Y_1,Z_1\}$, $\boldsymbol{b}=\{X_2,Y_2,Z_2\}$, $\boldsymbol{c}=\{X_3,Y_3,Z_3\}$,则

$$(\boldsymbol{a},\boldsymbol{b},\boldsymbol{c})=\begin{vmatrix} X_1 & Y_1 & Z_1 \\ X_2 & Y_2 & Z_2 \\ X_3 & Y_3 & Z_3 \end{vmatrix}. \tag{1.9-24}$$

证 因为

$$\boldsymbol{a}\times\boldsymbol{b}=\left\{\begin{vmatrix} Y_1 & Z_1 \\ Y_2 & Z_2 \end{vmatrix},\begin{vmatrix} Z_1 & X_1 \\ Z_2 & X_2 \end{vmatrix},\begin{vmatrix} X_1 & Y_1 \\ X_2 & Y_2 \end{vmatrix}\right\},$$

所以

$$\begin{aligned}(\boldsymbol{a},\boldsymbol{b},\boldsymbol{c})&=(\boldsymbol{a}\times\boldsymbol{b})\cdot\boldsymbol{c}\\ &=\begin{vmatrix} Y_1 & Z_1 \\ Y_2 & Z_2 \end{vmatrix}X_3+\begin{vmatrix} Z_1 & X_1 \\ Z_2 & X_2 \end{vmatrix}Y_3+\begin{vmatrix} X_1 & Y_1 \\ X_2 & Y_2 \end{vmatrix}Z_3.\end{aligned}$$

即(1.9-24)成立.

根据定理 1.7.2,从(1.9-24)式立即可得

推论 1.9.3 三个向量 $\boldsymbol{a},\boldsymbol{b},\boldsymbol{c}$ 共面的充要条件是

$$\begin{vmatrix} X_1 & Y_1 & Z_1 \\ X_2 & Y_2 & Z_2 \\ X_3 & Y_3 & Z_3 \end{vmatrix}=0. \tag{1.9-25}$$

例 1.9.6 已知四面体 $ABCD$ 的四个顶点为 $A(0,0,0)$, $B(6,0,6)$, $C(4,3,0)$, $D(2,-1,3)$,求它的体积.

解 因为四面体 $ABCD$ 的体积 V 等于以 AB, AC, AD 为棱的平行六面体的体积的 1/6,所以

$$V=\frac{1}{6}|(\boldsymbol{AB},\boldsymbol{AC},\boldsymbol{AD})|.$$

而

$$\boldsymbol{AB}=\{6,0,6\},$$
$$\boldsymbol{AC}=\{4,3,0\},$$
$$\boldsymbol{AD}=\{2,-1,3\},$$

因此

$$(\boldsymbol{AB},\boldsymbol{AC},\boldsymbol{AD})=\begin{vmatrix}6 & 0 & 6\\4 & 3 & 0\\2 & -1 & 3\end{vmatrix}=-6,$$

从而
$$V=\frac{1}{6}|(\boldsymbol{AB},\boldsymbol{AC},\boldsymbol{AD})|=1.$$

习题 1.9

1. 已知点 $A(2,0,-1)$，$\boldsymbol{AB}=\{1,4,5\}$，求点 B 的坐标.

2. 求点 $A(1,2,4)$ 关于点 $B(0,-1,1)$ 的对称点 C 的坐标.

3. 已知线段 AB 被点 $C(2,0,2)$ 和 $D(5,-2,0)$ 三等分，求 A,B 两点的坐标.

4. 已知 $\triangle ABC$ 三顶点为 $A(x_1,y_1,z_1)$，$B(x_2,y_2,z_2)$，$C(x_3,y_3,z_3)$，求 $\triangle ABC$ 的重心 G 的坐标.

5. 已知 $\boldsymbol{a}=\{-1,0,-1\}$，$\boldsymbol{b}=\{1,1,0\}$ 求：(1) $|\boldsymbol{a}|$，$|\boldsymbol{b}|$；(2) $\angle(\boldsymbol{a},\boldsymbol{b})$；(3) 射影$_{\boldsymbol{b}}\boldsymbol{a}$.

6. 已知 $\boldsymbol{a}=\{2,-1,-1\}$，$\boldsymbol{b}=\{-1,6,2\}$，$\boldsymbol{c}=\lambda\boldsymbol{a}+\mu\boldsymbol{b}$，若 $\boldsymbol{c}$ 与 Oz 轴垂直，且 $|\boldsymbol{c}|=5$，试求向量 $\boldsymbol{c}$ 的坐标.

7. 求解下列二题：

(1) 已知 $\boldsymbol{a}=\{2,2,-1\}$ 求 $\boldsymbol{a}^0$ 与 $\boldsymbol{a}$ 的方向余弦；

(2) 已知 $\boldsymbol{a}$ 与 x 轴，y 轴所成方向角为 $\alpha=\frac{\pi}{3}$，$\beta=\frac{2}{3}\pi$，且 $|\boldsymbol{a}|=2$，求 $\boldsymbol{a}$ 的坐标.

8. 已知 $\boldsymbol{a}=\{8,9,-12\}$，向量 $\boldsymbol{AB}$ 的始点为 $\boldsymbol{A}(2,-1,7)$，$|\boldsymbol{AB}|=34$，且 $\boldsymbol{AB}$ 与 $\boldsymbol{a}$ 同向，求向量 $\boldsymbol{AB}$ 与点 $\boldsymbol{B}$ 的坐标.

9. 已知 $\boldsymbol{OA}=\{2,-3,6\}$，$\boldsymbol{OB}=\{-1,2,-2\}$，向径 $\boldsymbol{OC}$ 在 $\boldsymbol{OA}$ 与 $\boldsymbol{OB}$ 夹角的平分线上，且 $|\boldsymbol{OC}|=3\sqrt{42}$，求点 C 的坐标.

10. 求解下列二题：

(1) 已知 $\boldsymbol{a}=\{0,1,3\}$，$\boldsymbol{b}=\{4,-2,-3\}$，向量 $\boldsymbol{c}$ 与 $\boldsymbol{a},\boldsymbol{b}$ 均垂直，且 $\boldsymbol{c}$ 与 z 轴成锐角，$|\boldsymbol{c}|=26$，求 $\boldsymbol{c}$；

(2) 已知 $\boldsymbol{a}=\{0,1,-1\}$，$\boldsymbol{b}=\{1,0,2\}$，求与 $\boldsymbol{a},\boldsymbol{b}$ 均垂直，且使 $(\boldsymbol{a},\boldsymbol{b},\boldsymbol{c})<0$

的单位向量 $\boldsymbol{c}$.

11. 已知$\triangle ABC$三顶点$A(1,0,0)$,$B(3,1,1)$,$C(2,0,1)$,求$\triangle ABC$的面积与BC边上的高.

12. 判别下列四点是否共面？若不共面,求以它们为顶点的四面体的体积和从顶点D所作的高的长.

(1) $A(1,0,1)$,$B(4,4,6)$,$C(2,2,3)$,$D(10,14,17)$;

(2) $A(0,0,0)$,$B(3,4,-1)$,$C(2,3,5)$,$D(6,0,-3)$.

13. 设将坐标系$O-xyz$平移到新坐标系$O'-x'y'z'$,新坐标原点O'在旧坐标系下的坐标为(x_0,y_0,z_0),如图1.9.3,空间任意一点P在旧坐标系和新坐标系下的坐标分别是(x,y,z)与(x',y',z'),试证明新旧坐标之间的变换公式为

$$\begin{cases} x=x'+x_0, \\ y=y'+y_0, \\ z=z'+z_0. \end{cases}$$

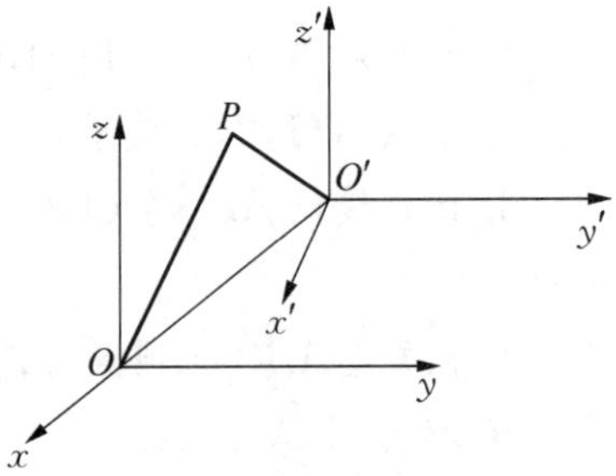

图 1.9.3

第 2 章
平面与直线

平面与直线是空间最简单的曲面与曲线.这一章我们将结合使用向量法和坐标法,一方面导出平面与空间直线在直角坐标系下的方程,另一方面研究点、直线、平面之间的相互位置关系与有关的度量关系.

2.1 平面的方程

2.1.1 平面的点法式方程

在空间给定一点 P_0 与一个非零向量 $\boldsymbol{n}$,则通过点 P_0 且与向量 $\boldsymbol{n}$ 垂直的平面 π 就唯一确定.与平面 π 垂直的非零向量 $\boldsymbol{n}$ 称为平面 π 的**法向量**,简称为**法矢**.

在空间,取直角坐标系 $\{0;\boldsymbol{i},\boldsymbol{j},\boldsymbol{k}\}$,设平面 π 通过点 $P_0(x_0,y_0,z_0)$,平面 π 的法向量为 $\boldsymbol{n}=\{A,B,C\}$,我们来推导平面 π 的方程.

设 $P(x,y,z)$ 是平面 π 上任意一点(图 2.1.1),点 P_0 和 P 的向径分别为

$$\boldsymbol{OP}_0=\boldsymbol{r}_0=\{x_0,y_0,z_0\},\boldsymbol{OP}=\boldsymbol{r}=\{x,y,z\},$$

则点 P 在平面 π 上的充要条件是向量 $\boldsymbol{P}_0\boldsymbol{P}=\boldsymbol{r}-\boldsymbol{r}_0$ 与法向量 $\boldsymbol{n}$ 垂直,这个条件即是

$$\boldsymbol{n}\cdot(\boldsymbol{r}-\boldsymbol{r}_0)=0. \qquad (2.1-1)$$

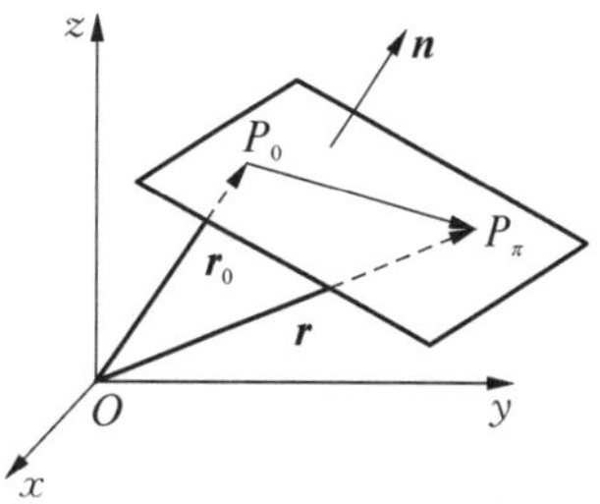

图 2.1.1

因为

$$\boldsymbol{n}=\{A,B,C\},\ \boldsymbol{r}-\boldsymbol{r}_0=\{x-x_0,y-y_0,z-z_0\},$$

所以(2.1-1)可用坐标表示成:

$$A(x-x_0)+B(y-y_0)+C(z-z_0)=0. \tag{2.1-2}$$

方程(2.1-1)与(2.1-2)都称为平面的**点法式方程**.

例 2.1.1 已知两点 $P_1(2,-1,2)$ 和 $P_2(6,-3,4)$,求通过点 P_1 且与直线 P_1P_2 垂直的平面 π 的方程.

解 因为平面 $\pi\perp \boldsymbol{P_1P_2}$,而

$$\boldsymbol{P_1P_2}=\{6-2,-3+1,4-2\}=2\{2,-1,1\},$$

所以可取向量 $\boldsymbol{n}=\{2,-1,1\}$ 作为平面 π 的一个法向量,又因为平面 π 通过点 $P_1(2,-1,2)$,根据(2,1-2),平面 π 的方程为

$$2(x-2)-(y+1)+(z-2)=0,$$

即

$$2x-y+z-7=0.$$

2.1.2 平面的点位式方程

空间中确定一个平面的几何条件是多种多样的.若给定空间一点 P_0 与两个不共线的向量 $\boldsymbol{a}$ 和 $\boldsymbol{b}$,则通过点 P_0 且与向量 $\boldsymbol{a},\boldsymbol{b}$ 平行的平面 π 也唯一确定.与平面 π 平行的任意一对不共线的向量 $\boldsymbol{a}$ 与 $\boldsymbol{b}$ 称为平面 π 的一对**方位向量**.

设平面 π 通过点 $P_0(x_0,y_0,z_0)$,平面 π 的一对方位向量为 $\boldsymbol{a}=\{X_1,Y_1,Z_1\}$,$\boldsymbol{b}=\{X_2,Y_2,Z_2\}$,下面推导由这一组几何条件所确定的平面 π 的方程.

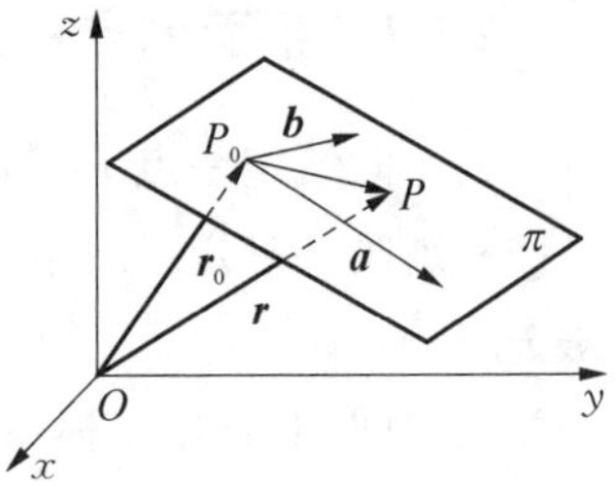

图 2.1.2

设 $P(x,y,z)$ 是平面 π 上任意一点(图 2.1.2),点 P_0 与 P 的向径分别为

$$\boldsymbol{OP_0}=\boldsymbol{r}_0=\{x_0,y_0,z_0\},$$

$$\boldsymbol{OP}=\boldsymbol{r}=\{x,y,z\},$$

由于平面 π 平行于向量 $\boldsymbol{a}$ 与 $\boldsymbol{b}$,因此点 P 在平面 π 上的充要条件是向量 $\boldsymbol{P_0P}=\boldsymbol{r}-\boldsymbol{r}_0$ 与向量 $\boldsymbol{a},\boldsymbol{b}$ 共面,根据定理 1.7.2,这个条件即是

$$(\boldsymbol{r}-\boldsymbol{r}_0,\boldsymbol{a},\boldsymbol{b})=0. \tag{2.1-3}$$

用 $\boldsymbol{r}-\boldsymbol{r}_0,\boldsymbol{a},\boldsymbol{b}$ 三向量的坐标,(2.1-3)可表示成

$$\begin{vmatrix} x-x_0 & y-y_0 & z-z_0 \\ X_1 & Y_1 & Z_1 \\ X_2 & Y_2 & Z_2 \end{vmatrix}=0, \tag{2.1-4}$$

方程(2.1-3)与(2.1-4)都称为平面的**点位式方程**.

例 2.1.2　求通过点 $P_1(1,-1,-5)$ 和 $P_2(2,3,-1)$ 且垂直于 zOx 坐标平面的平面 π 的方程.

解　因为平面 π 通过点 P_1 和 P_2，所以它平行于向量 $\boldsymbol{P_1P_2}=\{1,4,4\}$，又因为平面 π 垂直于 zOx 坐标平面，所以它又平行于坐标向量 $\boldsymbol{j}=\{0,1,0\}$，且向量 $\boldsymbol{P_1P_2}$ 与 $\boldsymbol{j}$ 不共线，因此它们为平面 π 的一对方位向量，又平面 π 通过点 $P_1(1,-1,-5)$，根据点位式方程(2.1-4)，平面 π 的方程为

$$\begin{vmatrix} x-1 & y+1 & z+5 \\ 1 & 4 & 4 \\ 0 & 1 & 0 \end{vmatrix}=0,$$

即

$$4x-z-9=0.$$

例 2.1.3　已知不共线三点 $P_1(x_1,y_1,z_1)$，$P_2(x_2,y_2,z_2)$，$P_3(x_3,y_3,z_3)$，求通过这三点的平面 π 的方程.

解　因为平面 π 通过不共线三点 P_1,P_2,P_3，所以可取平面 π 的一对方位向量为

$$\boldsymbol{P_1P_2}=\{x_2-x_1,y_2-y_1,z_2-z_1\},$$
$$\boldsymbol{P_1P_3}=\{x_3-x_1,y_3-y_1,z_3-z_1\},$$

又因为平面 π 通过点 $P_1(x_1,y_1,z_1)$，根据(2.1-4)，平面 π 的方程为

$$\begin{vmatrix} x-x_1 & y-y_1 & z-z_1 \\ x_2-x_1 & y_2-y_1 & z_2-z_1 \\ x_3-x_1 & y_3-y_1 & z_3-z_1 \end{vmatrix}=0. \tag{2.1-5}$$

方程(2.1-5)称为平面的**三点式方程**.

作为三点式的特例，若已知平面 π 与三坐标轴的交点为 $P_1(a,0,0)$，$P_2(0,b,0)$，$P_3(0,0,c)$(其中 $abc\neq0$)(图 2.1.3)，应用(2.1-5)，则平面 π 的方程为

$$\begin{vmatrix} x-a & y & z \\ -a & b & 0 \\ -a & 0 & c \end{vmatrix}=0.$$

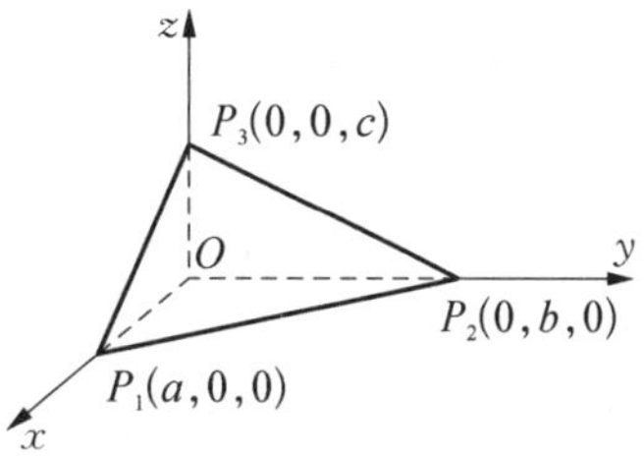

图 2.1.3

将行列式展开，上式即

$$bcx+cay+abz=abc,$$

由于 $abc\neq0$，上式可表示成

$$\frac{x}{a}+\frac{y}{b}+\frac{z}{c}=1. \tag{2.1-6}$$

方程(2.1-6)称为平面的**截距式方程**，其中 a,b,c 分别称为平面在 x 轴，y 轴，z 轴上的**截距**.

根据上面介绍的几种平面方程的形式，在求平面方程时，对于不同的定面条件可选用适当的形式比较简捷地得到所求平面的方程.

例 2.1.4 求通过点 $M(6,0,1)$ 且在 x 轴，y 轴，z 轴上的截距之比为 $a:b:c=3:2:-1$ 的平面 π 的方程.

解 由题设条件，可设平面 π 在三坐标轴上的截距为 $a=3\lambda$，$b=2\lambda$，$c=-\lambda$，应用(2.1-6)，可设平面 π 的方程为

$$\frac{x}{3\lambda}+\frac{y}{2\lambda}+\frac{z}{-\lambda}=1,$$

改写上式为

$$2x+3y-6z-6\lambda=0,$$

又由平面 π 通过点 $M(6,0,1)$ 得

$$12+0-6-6\lambda=0,$$

由此得 $\lambda=1$，从而所求平面 π 的方程为

$$2x+3y-6z-6=0.$$

2.1.3 平面的一般式方程

空间任意一个平面都可以由它上面的一点 $P_0(x_0,y_0,z_0)$ 和它的法向量 $\boldsymbol{n}=\{A,B,C\}$ 来确定，因此任一平面都可用点法式方程(2.1-2)表示，把(2.1-2)化简整理可表示成

$$Ax+By+Cz+D=0 \tag{2.1-7}$$

的形式，其中 $D=-Ax_0-By_0-Cz_0$.由于法向量 $\boldsymbol{n}$ 为非零向量，所以 A,B,C 不全为零.这表明空间任意一个平面都可以用关于 x,y,z 的三元一次方程来表示.

反过来，任意一个关于变量 x,y,z 的一次方程(2.1-7)都表示一个平面.

事实上，因为 A,B,C 不全为零，不失一般性可设 $A\neq0$，于是(2.1-7)可写成

$$A\left[x-\left(-\frac{D}{A}\right)\right]+B(y-0)+C(z-0)=0.$$

由此可见，它表示通过点$\left(-\frac{D}{A},0,0\right)$且法向量为 $\boldsymbol{n}=\{A,B,C\}$ 的平面.综上所述，我们证明了关于空间中平面的基本定理：

定理 2.1.1　空间中任一平面的方程都可表示成一个关于变量 x,y,z 的一次方程；反之，每一个关于变量 x,y,z 的一次方程都表示一个平面.

方程(2.1-7)称为平面的**一般式方程**，其中系数 A,B,C 有一个几何意义，即它们是这个平面的一个法向量的坐标.

当方程(2.1-7)中某些系数或常数项为零时，平面对于坐标系将具有某种特殊的位置关系.这方面有如下推论.

推论 2.1.1　对于由方程(2.1-7)表示的平面 π 有

(1) 平面 π 通过原点的充要条件是 $D=0$.

(2) 平面 π 平行一坐标轴的充要条件是 A,B,C 中有一个为零且 $D\neq0$；

平面 π 通过一坐标轴的充要条件是 A,B,C 中有一个为零，且 $D=0$.

(3) 平面 π 平行于坐标平面的充要条件是 A,B,C 中有两个为零，且 $D\neq0$；

平面 π 为坐标平面的充要条件是 A,B,C 中有两个为零，且 $D=0$.

证　结论(1)、(3)显然成立，留给读者自证.现证明结论(2)：

事实上，平面 π 平行于 z 轴的充要条件是 π 的法向量 $\boldsymbol{n}=\{A,B,C\}$ 与坐标向量 $\boldsymbol{k}=\{0,0,1\}$ 垂直，且 π 不通过原点，这个条件即 $\boldsymbol{n}\cdot\boldsymbol{k}=C=0$，且 $D\neq0$；平面 π 通过 z 轴的条件则是 $\boldsymbol{n}$ 与 $\boldsymbol{k}$ 垂直，且 π 通过原点，即是 $\boldsymbol{n}\cdot\boldsymbol{k}=C=0$，且 $D=0$.

对于平面 π 平行或通过 x 轴(或 y 轴)的情况，类似可证，因此结论(2)成立.

根据推论 2.1.1，特殊位置平面的方程的形式归纳如下：

(1) 通过原点的平面　$Ax+By+Cz=0$.

(2) 平行于 x 轴的平面　$By+Cz+D=0$，

　　平行于 y 轴的平面　$Ax+Cz+D=0$，

　　平行于 z 轴的平面　$Ax+By+D=0$；

通过 x 轴的平面　$By+Cz=0$,

通过 y 轴的平面　$Ax+Cz=0$,

通过 z 轴的平面　$Ax+By=0$.

(3) 平行于 yOz 面的平面　$Ax+D=0$,

平行于 zOx 面的平面　$By+D=0$,

平行于 xOy 面的平面　$Cz+D=0$;

yOz 坐标平面　$x=0$,

zOx 坐标平面　$y=0$,

xOy 坐标平面　$z=0$.

例 2.1.5　求通过两点 $P_1(2,-1,2)$和 $P_2(3,-2,1)$且平行于 z 轴的平面 π 的方程.

解　因为所求平面 π 平行于 z 轴,可设平面 π 的方程为

$$Ax+By+D=0,$$

又因 π 通过 $P_1(2,-1,2)$,$P_2(3,-2,1)$,所以有

$$\begin{cases}2A-B+D=0,\\3A-2B+D=0,\end{cases}$$

由此解得

$$A:B:D=\begin{vmatrix}-1 & 1\\-2 & 1\end{vmatrix}:\begin{vmatrix}1 & 2\\1 & 3\end{vmatrix}:\begin{vmatrix}2 & -1\\3 & -2\end{vmatrix}=1:1:-1,$$

故所求平面 π 的方程为

$$x+y-z=0.$$

习题 2.1

1. 已知平面 π 的一对方位向量为 $\boldsymbol{a}=\{1,2,-1\}$ 与 $\boldsymbol{b}=\{2,3,1\}$,求平面 π 的法向量.

2. 求下列平面的一般式方程:

(1) 两端点为 $P_1(1,-2,3)$,$P_2(3,0,-1)$的线段 P_1P_2 的垂直平分面 π;

(2) 原点 O 在它上面的正投影为 $P(2,3,-4)$的平面 π;

(3) 通过两点 $P_1(3,1,-1)$和 $P_2(1,-1,0)$且平行于向量 $\boldsymbol{a}=\{-1,0,2\}$ 的平面;

(4) 过点 $P_0(2,0,8)$且与平面 π_1：$y=2z$ 和平面 π_2：$x-8y+3z-1=0$ 均垂直的平面 π.

3. 将平面 π 的方程 $x+2y-z+4=0$ 化为截距式，并求 π 与三坐标面围成的四面体的体积.

4. 指出下列平面关于坐标系的位置关系：

(1) $x-2y+1=0$；(2) $5y-1=0$；(3) $3y-4z=0$.

5. 求下列平面的一般式方程：

(1) 通过 z 轴且与平面 $2x+y-2z+3=0$ 垂直的平面；

(2) 通过点 $M(6,3,5)$且在 x 轴，y 轴上的截距分别为 -2 和 -3 的平面.

2.2 平面与点的相关位置

空间中平面与点的相关位置有且只有两种情况，即点在平面上或点不在平面上，区分它们的解析条件有

定理 2.2.1 设空间一点为 $P_0(x_0,y_0,z_0)$，平面 π 的方程为

$$\pi: Ax+By+Cz+D=0,$$

则点 P_0 在平面 π 上的充要条件是

$$Ax_0+By_0+Cz_0+D=0;$$

点 P_0 不在平面 π 上的充要条件是

$$Ax_0+By_0+Cz_0+D\neq 0.$$

下面给出点 P_0 到平面 π 的距离的计算公式.

定理 2.2.2 点 $P_0(x_0,y_0,z_0)$到平面 π：

$$Ax+By+Cz+D=0$$

的距离为

$$d=\frac{|Ax_0+By_0+Cz_0+D|}{\sqrt{A^2+B^2+C^2}}. \quad (2.2-1)$$

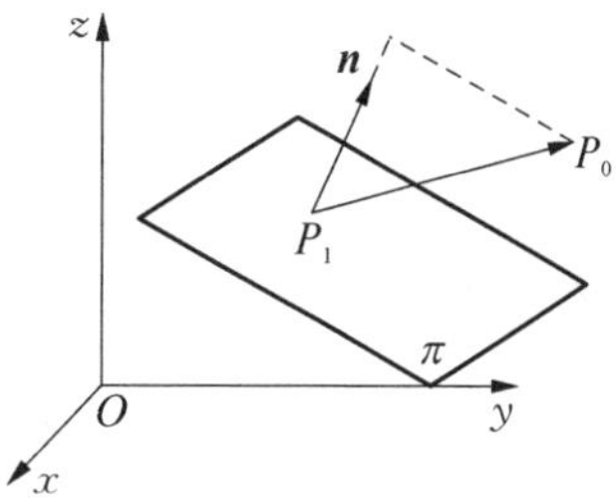

图 2.2.1

证 设 $P_1(x_1,y_1,z_1)$是平面 π 上任意一点，平面 π 的法向量为 $\boldsymbol{n}$(图 2.2.1). 显然，点 P_0 到平面 π 的距离 d 为向量 $\boldsymbol{P_1P_0}$ 在法向量 $\boldsymbol{n}$ 上的射影的绝对值，应用公式(1.9-15)即得

$$d=|\text{射影}_{\boldsymbol{n}}\boldsymbol{P}_1\boldsymbol{P}_0|=\frac{|\boldsymbol{p}_1\boldsymbol{p}_0\cdot\boldsymbol{n}|}{|\boldsymbol{n}|}. \tag{1}$$

因为
$$\boldsymbol{P}_1\boldsymbol{P}_0=\{x_0-x_1,y_0-y_1,z_0-z_1\},$$
$$\boldsymbol{n}=\{A,B,C\},$$

所以
$$\begin{aligned}\boldsymbol{P}_1\boldsymbol{P}_0\cdot\boldsymbol{n}&=A(x_0-x_1)+B(y_0-y_1)+C(z_0-z_1)\\&=Ax_0+By_0+Cz_0-(Ax_1+By_1+Cz_1),\end{aligned}$$

又由点 $P_1(x_1,y_1,z_1)$在平面 π 上得
$$Ax_1+By_1+Cz_1+D=0,$$

即有
$$D=-(Ax_1+By_1+Cz_1),$$

从而
$$\boldsymbol{P}_1\boldsymbol{P}_0\cdot\boldsymbol{n}=Ax_0+By_0+Cz_0+D, \tag{2}$$

又
$$|\boldsymbol{n}|=\sqrt{A^2+B^2+C^2}, \tag{3}$$

将(2)(3)代入(1)即得点 P_0 到平面 π 的距离为
$$d=\frac{|Ax_0+By_0+Cz_0+D|}{\sqrt{A^2+B^2+C^2}}.$$

例 2.2.1 求点 $P(-2,4,3)$到平面 π：$2x-y+2z+8=0$ 的距离.

解 根据公式(2.2-1),点 P 到平面 π 的距离为
$$d=\frac{|-2\times2-4+2\times3+8|}{\sqrt{4+1+4}}=2.$$

例 2.2.2 在 z 轴上求一点使它到两平面
$$\pi_1:6x+3y+2z-6=0 \text{ 与 } \pi_2:2x-6y+3z+6=0$$
的距离相等.

解 因为所求点在 z 轴上,所以可设所求的点为 $P_0(0,0,z_0)$,应用公式(2.2-1),点 P_0 到两平面 π_1 与 π_2 的距离分别为
$$d_1=\frac{|0+0+2z_0-6|}{\sqrt{36+9+4}}=\frac{2|z_0-3|}{7},$$
$$d_2=\frac{|0-0+3z_0+6|}{\sqrt{4+36+9}}=\frac{3|z_0+2|}{7},$$

依条件 $d_1=d_2$,可得
$$2|z_0-3|=3|z_0+2|,$$

所以
$$3z_0+6=\pm(2z_0-6),$$

由此得
$$z_0=-12 \text{ 或 } z_0=0,$$

故得所求点为 $P_0(0,0,-12)$ 或 $P_0'(0,0,0)$.

习题 2.2

1. 求下列点与平面之间的距离：

(1) $P(1,2,3)$，π：$x-2y+2z+1=0$；

(2) $P(1,2,-3)$，π：$5x-3y+z+4=0$.

2. 求下列各点：

(1) 在 y 轴上且到平面 π：$x+2y-2z-2=0$ 的距离为 4 的点；

(2) 在 z 轴上且到点 $P(2,-1,8)$ 与到平面 π：$2x+2y-z+1=0$ 的距离相等的点.

3. 已知四面体的四个顶点为 $S(0,6,4)$，$A(3,5,3)$，$B(-2,11,-5)$，$C(1,-1,4)$. 求从顶点 S 向底面 ABC 所引高的长.

4. 设从原点到平面 π：$\frac{x}{a}+\frac{y}{b}+\frac{z}{c}=1$ 的距离为 p，求证：

$$\frac{1}{a^2}+\frac{1}{b^2}+\frac{1}{c^2}=\frac{1}{p^2}.$$

2.3　两平面的相关位置

空间两平面的相关位置有相交、平行和重合三种情况，区分它们的解析条件由下述定理给出.

定理 2.3.1　两个平面

$$\pi_1: A_1x+B_1y+C_1z+D_1=0, \tag{1}$$

$$\pi_2: A_2x+B_2y+C_2z+D_2=0, \tag{2}$$

相交的充要条件为

$$A_1:B_1:C_1\neq A_2:B_2:C_2, \tag{2.3-1}$$

平行的充要条件为

$$\frac{A_1}{A_2}=\frac{B_1}{B_2}=\frac{C_1}{C_2}\neq\frac{D_1}{D_2}, \tag{2.3-2}$$

重合的充要条件为

$$\frac{A_1}{A_2}=\frac{B_1}{B_2}=\frac{C_1}{C_2}=\frac{D_1}{D_2}. \tag{2.3-3}$$

证 两平面 π_1 与 π_2 的法向量分别为

$$\boldsymbol{n}_1=\{A_1,B_1,C_1\},\ \boldsymbol{n}_2=\{A_2,B_2,C_2\},$$

则 1° 两平面 π_1 与 π_2 相交的充要条件为 $\boldsymbol{n}_1 \nparallel \boldsymbol{n}_2$，这个条件即是(2.3-1)

2° 首先有

两个平面 π_1 与 π_2 平行或重合的充要条件是 $\boldsymbol{n}_1 \parallel \boldsymbol{n}_2$，即是

$$\frac{A_1}{A_2}=\frac{B_1}{B_2}=\frac{C_1}{C_2}.$$

(i) 若 $\frac{A_1}{A_2}=\frac{B_1}{B_2}=\frac{C_1}{C_2}\neq\frac{D_1}{D_2}$，则由(1)，(2)所成的方程组为矛盾方程组，这时方程组无解，因此平面 π_1 与 π_2 无公共点，即 π_1 与 π_2 平行；

(ii) 若 $\frac{A_1}{A_2}=\frac{B_1}{B_2}=\frac{C_1}{C_2}=\frac{D_1}{D_2}(=\lambda\neq 0)$，这时方程(1)，(2)仅相差一个非零数因子 λ，方程(1)，(2)同解，它们表示同一平面，即 π_1 与 π_2 重合.

综合 2°中(i)(ii)所证可知两平面 π_1 与 π_2 平行的充要条件是(2.3-2)；重合的充要条件是(2.3-3).

下面讨论两平面的交角.

我们将两平面 π_1 与 π_2 所成的二面角称为两平面 π_1 与 π_2 的**交角**，记作 $\angle(\pi_1,\pi_2)$.

若两平面的法向量 $\boldsymbol{n}_1$ 与 $\boldsymbol{n}_2$ 的夹角记作 θ，即 $\angle(\boldsymbol{n}_1,\boldsymbol{n}_2)=\theta$（图 2.3.1），则显然有

$$\angle(\pi_1,\pi_2)=\theta \text{ 或 } \pi-\theta.$$

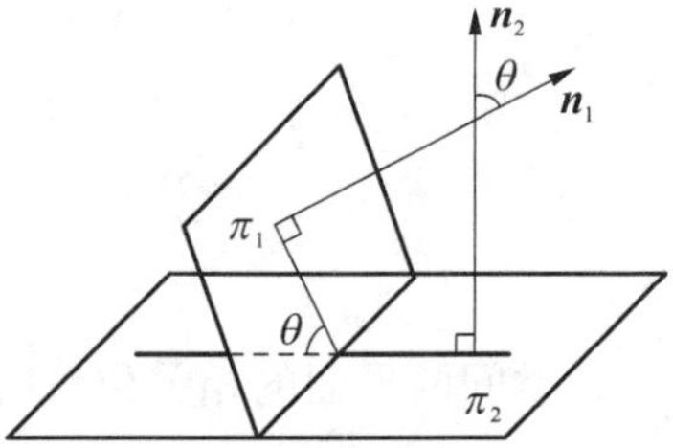

图 2.3.1

由此得到

定理 2.3.2 设两平面 π_1 与 π_2 的法向量 $\boldsymbol{n}_1$ 与 $\boldsymbol{n}_2$ 的夹角为 $\angle(\boldsymbol{n}_1,\boldsymbol{n}_2)=\theta$，则有

$$\cos\angle(\pi_1,\pi_2)=\pm\cos\theta=\pm\frac{\boldsymbol{n}_1\cdot\boldsymbol{n}_2}{|\boldsymbol{n}_1||\boldsymbol{n}_2|}$$

$$=\pm\frac{A_1A_2+B_1B_2+C_1C_2}{\sqrt{A_1^2+B_1^2+C_1^2}\sqrt{A_2^2+B_2^2+C_2^2}} \tag{2.3-4}$$

公式(2.3-4)是两平面交角的计算公式.

推论 2.3.1　两平面 π_1 与 π_2 互相垂直的充要条件是

$$\boldsymbol{n}_1 \cdot \boldsymbol{n}_2 = A_1A_2 + B_1B_2 + C_1C_2 = 0. \tag{2.3-5}$$

例 2.3.1　求通过 Oz 轴且与平面 π_0：$2x+y-\sqrt{5}z-7=0$ 成 $\dfrac{\pi}{3}$ 角的平面 π_1 的方程.

解　因所求平面 π_1 通过 Oz 轴，可设 π_1 的方程为

$$\pi_1: Ax+By=0,$$

平面 π_1 与 π_0 的法向量分别为

$$\boldsymbol{n}=\{A,B,0\}, \boldsymbol{n}_0=\{2,1,-\sqrt{5}\}$$

根据(2.3-4)有

$$\cos\angle(\pi_1,\pi_0)=\pm\frac{\boldsymbol{n}\cdot\boldsymbol{n}_0}{|\boldsymbol{n}||\boldsymbol{n}_0|}=\pm\frac{2A+B}{\sqrt{A^2+B^2}\cdot\sqrt{10}},$$

依题设条件有

$$\cos\angle(\pi_1,\pi_0)=\cos\frac{\pi}{3}=\frac{1}{2},$$

于是有

$$\frac{|2A+B|}{\sqrt{10}\cdot\sqrt{A^2+B^2}}=\frac{1}{2},$$

上式两边平方，并整理化简得

$$3A^2+8AB-3B^2=0,$$

即

$$(3A-B)(A+3B)=0,$$

解得

$$A:B=1:3 \quad \text{或} \quad A:B=3:-1,$$

从而所求平面 π_1 的方程为

$$x+3y=0 \quad \text{或} \quad 3x-y=0.$$

例 2.3.2　设两平行平面为

$$\pi_1: Ax+By+Cz+D_1=0,$$
$$\pi_2: Ax+By+Cz+D_2=0,$$

证明平面 π_1 与 π_2 之间的距离为

$$d=\frac{|D_2-D_1|}{\sqrt{A^2+B^2+C^2}}.$$

证　设 $P_0(x_0,y_0,z_0)$ 为平面 π_1 上任意一点，因为平面 π_1 与 π_2 平行，所

以 π_1 与 π_2 之间的距离 d 即是点 P_0 到平面 π_2 的距离，根据(2.2-1)得

$$d=\frac{|Ax_0+By_0+Cz_0+D_2|}{\sqrt{A^2+B^2+C^2}}. \tag{1}$$

又由点 $P_0(x_0,y_0,z_0)$在平面 π_1 上得

$$Ax_0+By_0+Cz_0+D_1=0,$$

即有

$$Ax_0+By_0+Cz_0=-D_1. \tag{2}$$

(2)代入(1)即得

$$d=\frac{|D_2-D_1|}{\sqrt{A^2+B^2+C^2}}.$$

习题 2.3

1. 判别下列各对平面的相关位置：

(1) $2x-y+3z+5=0$ 与 $\frac{1}{3}x-\frac{1}{6}y+\frac{1}{2}z+5=0$；

(2) $x+y-z-1=0$ 与 $2x+2y-z-1=0$；

(3) $2x+6y-4z+3=0$ 与 $3x+9y-6z+\frac{9}{2}=0$.

2. 在下列条件下确定 l,m,n 的值：

(1) 使$(l-2)x+(m-2)y+(n-4)z+1=0$

与$(m-1)x+(n-1)y+(l-5)z+2=0$ 表示两重合平面；

(2) 使 $lx-6y-6z+2=0$ 与 $2x+my+3z-5=0$ 表示两平行平面；

(3) 使 $lx+y+z+1=0$ 与 $x-2y+z-1=0$ 表示两互相垂直的平面.

3. 求下列各对平面的交角：

(1) $x-y=0,3x+1=0$；

(2) $2x+y-\sqrt{5}z+1=0,3x-y=0$.

4. 求两平行平面 $6x-2y+3z+7=0$ 与 $6x-2y+3z-7=0$ 之间的距离.

5. 求通过 x 轴且与 xOy 坐标平面的交角为$\frac{\pi}{6}$的平面方程.

6. 证明:和平面 $Ax+By+Cz+D=0$ 平行且与它相距 m 个单位的平面方程为

$$Ax+By+Cz+D\pm m\sqrt{A^2+B^2+C^2}=0.$$

2.4　空间直线的方程

2.4.1　直线方程的各种形式

1. 直线的参数方程

在空间给定一点 P_0 与一个非零向量 $\boldsymbol{v}$，则通过点 P_0 且与向量 $\boldsymbol{v}$ 平行的直线 l 就唯一确定.与直线 l 平行的任意一个非零向量都称为直线的**方向向量**，简称为**方向矢**.

设直线 l 通过点 $P_0(x_0,y_0,z_0)$，方向向量为 $\boldsymbol{v}=\{X,Y,Z\}$，我们来推导直线 l 的方程.

设 $P(x,y,z)$是直线 l 上任意一点(图2.4.1)，点 P_0 与 P 的向径分别为

$$\boldsymbol{OP}_0=\boldsymbol{r}_0=\{x_0,y_0,z_0\},$$

$$\boldsymbol{OP}=\boldsymbol{r}=\{x,y,z\},$$

则点 P 在直线 l 上的充要条件是向量 $\boldsymbol{P}_0\boldsymbol{P}=\boldsymbol{r}-\boldsymbol{r}_0$ 与方向向量 $\boldsymbol{v}$ 共线，这个条件也就是

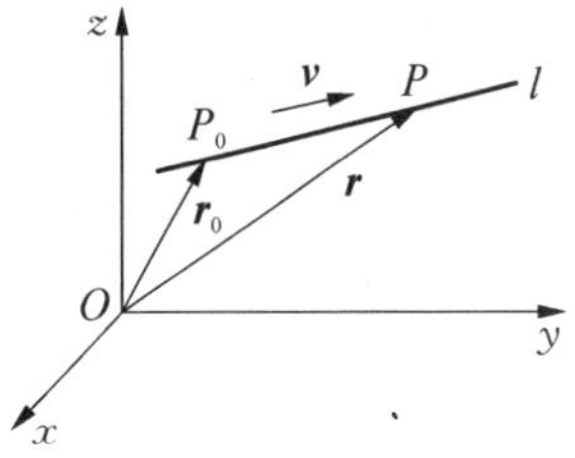

图 2.4.1

$$\boldsymbol{r}-\boldsymbol{r}_0=t\boldsymbol{v},$$

即

$$\boldsymbol{r}=\boldsymbol{r}_0+t\boldsymbol{v},\tag{2.4-1}$$

方程(2.4-1)称为直线 l 的**向量式参数方程**，其中 t 为**参数**.

用向量的坐标，(2.4-1)可表示成

$$\{x,y,z\}=\{x_0,y_0,z_0\}+t\{X,Y,Z\},$$

即

$$\begin{cases}x=x_0+Xt,\\ y=y_0+Yt,\\ z=z_0+Zt.\end{cases}\tag{2.4-2}$$

方程(2.4-2)称为直线 l 的**坐标式参数方程**.

直线 l 的方向向量 $\boldsymbol{v}$ 的坐标 X,Y,Z 称为直线 l 的**方向数**.由于 $\boldsymbol{v}\neq\boldsymbol{0}$，所以方向数 X,Y,Z 不能全为零，若向量 $\boldsymbol{v}'=\{X',Y',Z'\}$也是$l$ 的方向向量，则

$\boldsymbol{v}' /\!/ \boldsymbol{v}$ 即有 $X' : Y' : Z' = X : Y : Z$,因此常用 $X : Y : Z$ 来表示直线的方向数.

直线 l 的方向向量 $\boldsymbol{v}$ 的方向角 α, β, γ 与方向余弦 $\cos\alpha, \cos\beta, \cos\gamma$ 分别称为直线 l 的**方向角**与**方向余弦**.

由(2.4-1)可得 $|\boldsymbol{r}-\boldsymbol{r}_0| = |t||\boldsymbol{v}|$,因此有

$$|t| = \frac{|\boldsymbol{r}-\boldsymbol{r}_0|}{|\boldsymbol{v}|} = \frac{|\boldsymbol{P}_0\boldsymbol{P}|}{|\boldsymbol{v}|}.$$

这是直线参数方程中参数 t 的绝对值 $|t|$ 的一个几何意义,即 $|t|$ 为直线 l 上参数 t 对应的点 P 到定点 P_0 的距离与方向矢 $\boldsymbol{v}$ 的长度 $|\boldsymbol{v}|$ 的比值.特别当方向矢 $\boldsymbol{v}$ 为单位向量即 $|\boldsymbol{v}|=1$ 时,$|t|$ 正好等于直线 l 上参数 t 对应的点 P 到定点 P_0 的距离.

例 2.4.1 已知直线 l 通过点 $P_0(1,-2,1)$,且垂直于平面 π: $2x+y-2z+1=0$,求直线 l 的参数方程与方向余弦.

解 因为平面 π 的法向量 $\boldsymbol{n}$ 垂直于平面 π,又直线 l 与平面 π 垂直,所以 $l \parallel \boldsymbol{n}$,由此得到直线 l 的一个方向向量为

$$\boldsymbol{v} = \boldsymbol{n} = \{2, 1, -2\},$$

又因为直线 l 通过点 $P_0(1,-2,1)$,根据(2.4-2)即得直线 l 的参数方程为

$$\begin{cases} x = 2t+1, \\ y = t-2, \\ z = -2t+1. \end{cases}$$

因为方向向量 $\boldsymbol{v}$ 的单位向量为

$$\boldsymbol{v}^0 = \frac{\boldsymbol{v}}{|\boldsymbol{v}|} = \left\{\frac{2}{3}, \frac{1}{3}, -\frac{2}{3}\right\}.$$

根据定理 1.9.13,$\boldsymbol{v}^0$ 的坐标即是 $\boldsymbol{v}$ 的方向余弦,也就是直线 l 的方向余弦,即有

$$\cos\alpha = \frac{2}{3},\ \cos\beta = \frac{1}{3},\ \cos\gamma = -\frac{2}{3}.$$

2. 直线的标准方程

对于由点 $P_0(x_0, y_0, z_0)$ 与方向向量 $\boldsymbol{v} = \{X, Y, Z\}$ 确定的直线 l,点 $P(x, y, z)$ 在直线 l 上的充要条件是 $\boldsymbol{P}_0\boldsymbol{P} \parallel \boldsymbol{v}$,也就是 $\boldsymbol{P}_0\boldsymbol{P}$ 与 $\boldsymbol{v}$ 的坐标成比例,即

$$\frac{x-x_0}{X} = \frac{y-y_0}{Y} = \frac{z-z_0}{Z}. \qquad (2.4-3)$$

方程(2.4－3)称为直线 l 的**标准方程**或**对称式方程**.

必须注意:在(2.4－3)中,三个分母可以有一个或两个为零,这时应理解为它对应的分子也等于零.例如 $X\neq0,Y\neq0,Z=0$ 时,方程

$$\frac{x-x_0}{X}=\frac{y-y_0}{Y}=\frac{z-z_0}{0},$$

应理解为

$$\begin{cases}\dfrac{x-x_0}{X}=\dfrac{y-y_0}{Y},\\ z-z_0=0.\end{cases}$$

对于直线方程(2.4－1),(2.4－2),(2.4－3),由于它们都由直线上一点 P_0 与方向向量 $\boldsymbol{v}$ 所确定,从确定直线的几何条件这方面讲,它们又都称为直线的**点向式方程**.

例 2.4.2　求通过两点 $P_1(x_1,y_1,z_1)$和 $P_2(x_2,y_2,z_2)$的直线 l 的方程.

解　直线 l 的一个方向向量为

$$\boldsymbol{v}=\boldsymbol{P}_1\boldsymbol{P}_2=\{x_2-x_1,y_2-y_1,z_2-z_1\},$$

又因直线 l 通过点 $P_1(x_1,y_1,z_1)$,所以应用(2.4－3)即得直线 l 的标准方程为

$$\frac{x-x_1}{x_2-x_1}=\frac{y-y_1}{y_2-y_1}=\frac{z-z_1}{z_2-z_1}.\tag{2.4-4}$$

从确定直线的几何条件这方面讲,方程(2.4－4)称为直线的**两点式方程**.

例 2.4.3　已知直线 l 通过点 $P_0(2,-1,0)$,l 的方向数为$-1:0:1$,求直线 l 的标准方程.

解　直线 l 的方向数为$-1:0:1$ 即表示 l 的一个方向向量为 $\boldsymbol{v}=\{-1,0,1\}$,又直线 l 通过点 $P_0(2,-1,0)$应用(2.4－3)得直线 l 的标准方程为

$$\frac{x-2}{-1}=\frac{y+1}{0}=\frac{z}{1}.$$

3. 直线的一般式方程

空间直线可以看作两平面的交线,因此空间直线的方程也可以由通过它的两个平面的方程所组成的方程组来表示.

设通过直线 l 的两个相异平面为

$$\pi_1:\ A_1x+B_1y+C_1z+D_1=0,$$
$$\pi_2:\ A_2x+B_2y+C_2z+D_2=0.$$

则直线 l 的方程可表示成

$$\begin{cases}A_1x+B_1y+C_1z+D_1=0\\A_2x+B_2y+C_2z+D_2=0\end{cases}\tag{2.4-5}$$

其中 $A_1:B_1:C_1\neq A_2:B_2:C_2$.方程(2.4-5)称为空间直线的**一般式方程**.

由于平面 π_1 与 π_2 相交成直线 l,因此它们的法向量

$$\boldsymbol{n}_1=\{A_1,B_1,C_1\},\ \boldsymbol{n}_2=\{A_2,B_2,C_2\}$$

不共线,即 $\boldsymbol{n}_1\times\boldsymbol{n}_2\neq\boldsymbol{0}$,又因为 $l\perp\boldsymbol{n}_1$,$l\perp\boldsymbol{n}_2$,所以 $l\parallel\boldsymbol{n}_1\times\boldsymbol{n}_2$,即
方程(2.4-5)表示的直线 l 的一个方向向量为

$$\boldsymbol{v}=\boldsymbol{n}_1\times\boldsymbol{n}_2=\left\{\begin{vmatrix}B_1&C_1\\B_2&C_2\end{vmatrix},\begin{vmatrix}C_1&A_1\\C_2&A_2\end{vmatrix},\begin{vmatrix}A_1&B_1\\A_2&B_2\end{vmatrix}\right\}.\tag{2.4-6}$$

例 2.4.4 已知直线 l_0:$\begin{cases}2x-y+z-1=0,\\x-z+1=0\end{cases}$ 求通过原点且与直线 l_0 平行的直线 l 的标准方程.

解 根据(2.4-6),直线 l_0 的方向向量为

$$\boldsymbol{v}=\begin{vmatrix}\boldsymbol{i}&\boldsymbol{j}&\boldsymbol{k}\\2&-1&1\\1&0&-1\end{vmatrix}=\{1,3,1\}.$$

因为 $l\parallel l_0$,所以 $\boldsymbol{v}$ 也是直线 l 的方向向量,又直线 l 通过原点 $O(0,0,0)$,根据(2.4-3)得直线 l 的标准方程为

$$\frac{x}{1}=\frac{y}{3}=\frac{z}{1}.$$

例 2.4.5 已知两点 $P_1(1,1,1)$,$P_2(2,3,4)$,求通过直线 P_1P_2 且平行于 z 轴的平面 π 与 xOy 坐标面的交线 l 的方程.

解 先求平面 π 的方程,因为平面 π 通过 P_1,P_2 两点,所以 $\pi\parallel\boldsymbol{P_1P_2}$,又因 $\pi\parallel z$ 轴,所以 π 又平行于坐标向量 $\boldsymbol{k}$,由此得平面 π 的两个方位向量为

$$\boldsymbol{P_1P_2}=\{1,2,3\},\ \boldsymbol{k}=\{0,0,1\},$$

又平面 π 通过点 $P_1(1,1,1)$,根据(2.1-4)得平面 π 的方程为

$$\begin{vmatrix}x-1&y-1&z-1\\1&2&3\\0&0&1\end{vmatrix}=0.$$

化简得平面 π 的方程为

$$2x-y-1=0,$$

又坐标面 xOy 的方程为

$$z=0,$$

因此根据(2.4-5)，平面 π 与坐标面 xOy 的交线 l 的方程为

$$\begin{cases}2x-y-1=0,\\ z=0.\end{cases}$$

4. 直线的射影式方程

设通过直线 l 分别平行或通过 Oz 轴，Ox 轴，Oy 轴，也就是分别垂直于坐标面 xOy，yOz，zOx 的三个平面的方程为

$$a_1x+b_1y+c_1=0, \tag{2.4-7}$$

$$a_2y+b_2z+c_2=0, \tag{2.4-8}$$

$$a_3x+b_3z+c_3=0, \tag{2.4-9}$$

则平面(2.4-7)，(2.4-8)，(2.4-9)分别称为直线 l 对坐标面 xOy，yOz，zOx 的**射影平面**.

因为直线 l 的一般式方程(2.4-5)可由通过 l 的任意两个平面的方程联立组成，因此直线 l 的方程也可由它的三个射影平面的方程(2.4-7)，(2.4-8)，(2.4-9)中任取两个不同的方程联立组成，例如若直线 l 的射影平面(2.4-7)与(2.4-8)并不重合，则 l 可看作这两个射影平面的交线，它的方程可表示成

$$\begin{cases}a_1x+b_1y+c_1=0,\\ a_2y+b_2z+c_2=0.\end{cases}$$

这种由直线的两射影平面的方程联立组成的直线方程称为直线的**射影式方程**.直线的射影式方程是一般式方程的特殊形式，射影式方程的特点是方程中关于变数 x，y，z 缺少其中一个或两个变量.

例 2.4.6　已知直线 l 的标准方程为

$$\frac{x-1}{1}=\frac{y-2}{0}=\frac{z+1}{2},$$

求直线 l 对三个坐标面的射影平面的方程.

解　将直线 l 的标准方程改写即得 l 的射影式方程为

$$\begin{cases}\dfrac{x-1}{1}=\dfrac{z+1}{2},\\ y-2=0,\end{cases}$$

即
$$\begin{cases}2x-z-3=0,\\y-2=0,\end{cases}$$
由此得直线 l 对坐标面 xOz 的射影平面的方程为
$$2x-z-3=0,$$
直线 l 对坐标面 xOy，yOz 的两个射影平面的方程均为
$$y-2=0.$$

2.4.2 各式直线方程的互化

从例 2.4.6 可看出，在解决问题的过程中，需要将不同形式的直线方程进行互化.下面讨论各式直线方程互化的方法.

1. 参数方程与标准方程的互化

由直线 l 的参数方程(2.4－2)：
$$\begin{cases}x=x_0+Xt,\\y=y_0+Yt,\\z=z_0+Zt,\end{cases}$$
消去参数 t 即可得直线 l 的标准方程(2.4－3)：
$$\frac{x-x_0}{X}=\frac{y-y_0}{Y}=\frac{z-z_0}{Z}.$$
反过来，令标准方程(2.4－3)中的公比值为 t，即可改写成参数方程(2.4－2).

例 2.4.7 化直线 l 的标准方程
$$\frac{x-1}{2}=\frac{y+2}{-1}=\frac{z+1}{0}$$
为参数方程.

解 令 $\dfrac{x-1}{2}=\dfrac{y+2}{-1}=\dfrac{z+1}{0}=t$，

由此得直线 l 的参数方程为
$$\begin{cases}x=2t+1,\\y=-t-2,\\z=-1.\end{cases}$$

2. 标准方程与一般式方程的互化

对于直线 l 的标准方程(2.4－3)，因其中分母即直线 l 的方向数 X,Y,Z

不全为零，不失一般性，若 $Z\neq 0$，则(2.4-2)即可改写得直线 l 的射影式方程，即特殊形式的一般方程为

$$\begin{cases}\dfrac{x-x_0}{X}=\dfrac{z-z_0}{Z},\\ \dfrac{y-y_0}{Y}=\dfrac{z-z_0}{Z}.\end{cases}$$

当 $X\neq 0$ 或 $Y\neq 0$ 时可相仿改写得特殊形式的一般式方程.

反过来，要将直线 l 的一般式方程(2.4-5)：

$$\begin{cases}A_1x+B_1y+C_1z+D_1=0,\\ A_2x+B_2y+C_2z+D_2=0\end{cases}$$

化为标准方程，只要应用公式(2.4-6)求出直线 l 的方向向量 $\boldsymbol{v}$；再任取一般式方程(2.4-5)的一个特解 (x_0,y_0,z_0)，即取得直线 l 上一点 $P_0(x_0,y_0,z_0)$，从而便可得到直线 l 的标准方程为

$$\frac{x-x_0}{\begin{vmatrix}B_1 & C_1\\ B_2 & C_2\end{vmatrix}}=\frac{y-y_0}{\begin{vmatrix}C_1 & A_1\\ C_2 & A_2\end{vmatrix}}=\frac{z-z_0}{\begin{vmatrix}A_1 & B_1\\ A_2 & B_2\end{vmatrix}}.$$

例 2.4.8　将直线 l 的一般式方程

$$\begin{cases}x-2y+3z-4=0,\\ x-2y-z=0\end{cases}$$

化为标准方程.

解　根据(2.4-6)，直线 l 的一个方向向量为

$$\boldsymbol{v}=\begin{vmatrix}\boldsymbol{i} & \boldsymbol{j} & \boldsymbol{k}\\ 1 & -2 & 3\\ 1 & -2 & -1\end{vmatrix}=\{8,4,0\}=4\{2,1,0\}.$$

由此可取直线 l 的方向向量为 $\boldsymbol{v}_1=\{2,1,0\}$；

又因一般式方程中 x,z 的系数行列式 $\begin{vmatrix}1 & 3\\ 1 & -1\end{vmatrix}\neq 0$，因此在原方程中令 $y=0$，可解得 $x=1,z=1$，由此得到直线 l 上一点 $P_0(1,0,1)$，从而得到直线 l 的标准方程为

$$\frac{x-1}{2}=\frac{y}{1}=\frac{z-1}{0}.$$

3. 一般式方程与射影式方程的互化

射影式方程本身就是特殊形式的一般式方程.

反过来，一般式方程(2.4 - 5)也可化为射影式方程.这是因为由(2.4 - 6)所表示的直线 l 的方向向量 $\boldsymbol{v}$ 的三个坐标不全为零，不失一般性，不妨设 $\boldsymbol{v}$ 的第三坐标即方程(2.4 - 5)中 x，y 的系数行列式 $A_1B_2-A_2B_1\neq0$，则可由方程组(2.4 - 5)分别消去 x 和 y 即可得到形如(2.4 - 8)，(2.4 - 9)的两个射影平面的方程，将它们联立即得直线 l 的射影式方程为

$$\begin{cases}a_2y+b_2z+c_2=0,\\a_3x+b_3z+c_3=0.\end{cases}$$

例 2.4.9 将直线 l 的一般式方程

$$\begin{cases}x+2y+2z-1=0,\\x+2y-z-4=0\end{cases}$$

化为射影式方程.

解 因为方程中 y，z 的系数行列式 $\begin{vmatrix}2&2\\2&-1\end{vmatrix}\neq0$，所以可由方程组分别消去 z 和 y 得直线 l 的射影式方程为

$$\begin{cases}x+2y-3=0,\\z+1=0.\end{cases}$$

关于直线方程的四种形式即参数式、标准式、一般式、射影式之间的互化，掌握上述三对形式的互化方法以后，其他三对形式之间可以通过某中间形式过渡转化，或是灵活运用上述思想方法直接互化.

例 2.4.10 已知直线 l 的射影式方程

$$\begin{cases}3x-y-5=0,\\2x-z+1=0,\end{cases}$$

求直线 l 的标准方程与参数方程.

解法一 原方程可改写成

$$\begin{cases}\dfrac{y+5}{3}=\dfrac{x}{1},\\[2mm]\dfrac{z-1}{2}=\dfrac{x}{1},\end{cases}$$

由此得直线 l 的标准方程

$$\frac{x}{1}=\frac{y+5}{3}=\frac{z-1}{2},$$

再令上式的公比值为 t，即可得参数方程

$$\begin{cases}x=t,\\ y=3t-5,\\ z=2t+1.\end{cases}$$

解法二　在原方程中设 $x=t$，并解得 $y=3t-5$，$z=2t+1$，由此得 l 的参数方程

$$\begin{cases}x=t,\\ y=3t-5,\\ z=2t+1,\end{cases}$$

从而再消去参数 t，即得标准方程

$$\frac{x}{1}=\frac{y+5}{3}=\frac{z-1}{2}.$$

例 2.4.11　化直线 l 的一般式方程

$$\begin{cases}5x-y-z-4=0,\\ x-y+z-6=0\end{cases}$$

为参数方程.

解法一　先化原方程为标准方程，应用公式(2.4-6)可得直线 l 的方向矢

$$\boldsymbol{v}=\{5,-1,-1\}\times\{1,-1,1\}=-2\{1,3,2\},$$

再由原方程令 $x=0$，解得 $y=-5$，$z=1$，即得 l 上一点 $P_0(0,-5,1)$，从而得 l 的标准方程

$$\frac{x}{1}=\frac{y+5}{3}=\frac{z-1}{2},$$

再令上式公比值为 t，即得参数方程

$$\begin{cases}x=t,\\ y=3t-5,\\ z=2t+1.\end{cases}$$

解法二　原方程即

$$\begin{cases}y+z=5x-4,\\ y-z=x-6,\end{cases}$$

由此设 $x=t$，可解得 $y=3t-5, z=2t+1$，从而得直线 l 的参数方程

$$\begin{cases} x=t, \\ y=3t-5, \\ z=2t+1. \end{cases}$$

习题 2.4

1. 求下列直线的方程：

(1) 通过点 $P_0(1,0,-1)$ 且与 z 轴平行的直线；

(2) 通过点 $P_0(3,1,2)$ 且与 x, y, z 三轴分别成角 $\frac{\pi}{4}, \frac{\pi}{3}, \frac{2}{3}\pi$ 的直线；

(3) 通过点 $P_0(2,0,-1)$ 且与两直线 $\frac{x+1}{1}=\frac{y}{1}=\frac{z}{-1}$ 和 $\frac{x}{1}=\frac{y+1}{-1}=\frac{z}{0}$ 垂直的直线；

(4) 直线 l_0：$\frac{x}{0}=\frac{y}{1}=\frac{z-1}{1}$ 在平面 π_0：$y-z=0$ 上的正投影直线.

2. 已知下列直线的一般式方程，求它们的标准方程、射影式方程与参数方程：

(1) $\begin{cases} 3x+y-z=0, \\ y=2; \end{cases}$ (2) $\begin{cases} 2x+y+z-5=0, \\ 2x+y-3z-1=0. \end{cases}$

3. 已知下列直线的射影式方程，求它们的标准方程与参数方程：

(1) $\begin{cases} 2x-y+4=0, \\ 3y-2z-2=0; \end{cases}$ (2) $\begin{cases} 2y-z-5=0, \\ z-1=0. \end{cases}$

4. 求下列平面的方程：

(1) 通过点 $P(1,0,-2)$ 和直线 $\frac{x-1}{1}=\frac{y-2}{-1}=\frac{z}{2}$ 的平面；

(2) 通过直线 $\frac{x-2}{1}=\frac{y+3}{-5}=\frac{z+1}{-1}$ 且与直线

$$\begin{cases} 2x-y+z-3=0, \\ x+2y-z-5=0 \end{cases}$$

平行的平面.

5. 求下列各点的坐标：

(1) 在直线$\dfrac{x-6}{2}=\dfrac{y+3}{-1}=\dfrac{z-6}{2}$上与原点相距3个单位的点;

(2) 关于直线$\begin{cases}5x-y-z=0,\\x+y-z=0\end{cases}$与点$M(1,1,1)$对称的点.

2.5 直线与平面的相关位置

2.5.1 直线与平面的相关位置

空间直线与平面的相关位置有三种情况,即相交,平行或直线在平面上.区分它们的解析条件由下述定理给出.

定理 2.5.1 设直线 l 与平面 π 的方程分别为

$$l:\ \frac{x-x_0}{X}=\frac{y-y_0}{Y}=\frac{z-z_0}{Z},\tag{1}$$

$$\pi:\ Ax+By+Cz+D=0,\tag{2}$$

则直线 l 与平面 π 相交的充要条件为

$$AX+BY+CZ\neq 0;\tag{2.5-1}$$

平行的充要条件为

$$\begin{aligned}&AX+BY+CZ=0,\\&Ax_0+By_0+Cz_0+D\neq 0;\end{aligned}\tag{2.5-2}$$

直线 l 在平面 π 上的充要条件为

$$\begin{aligned}&AX+BY+CZ=0,\\&Ax_0+By_0+Cz_0+D=0.\end{aligned}\tag{2.5-3}$$

证 方程(1)表明,直线 l 过点 $P_0(x_0,y_0,z_0)$,直线 l 的方向向量为 $\boldsymbol{v}=\{X,Y,Z\}$.

方程(2)表明,平面 π 的法向量为 $\boldsymbol{n}=\{A,B,C\}$,因此有:

1° 直线 l 与平面 π 相交的充要条件是 $\boldsymbol{v}$ 与平面 π 不平行,即 $\boldsymbol{v}$ 与 $\boldsymbol{n}$ 不垂直,这个条件即是(2.5-1).

2° 直线 l 与平面 π 平行的充要条件是 $\boldsymbol{v}\perp\boldsymbol{n}$,且点 $P_0(x_0,y_0,z_0)$不在平面 π 上,这个条件即是(2.5-2).

3° 直线 l 在平面 π 上的充要条件是 $\boldsymbol{v}\perp\boldsymbol{n}$，且点 $P_0(x_0,y_0,z_0)$ 在平面 π 上，这个条件即是(2.5-3).

作为直线 l 与平面 π 相交的一个特殊情况有

推论 2.5.1 直线 l 与平面 π 垂直的充要条件是 $\boldsymbol{v}\parallel\boldsymbol{n}$，即

$$\frac{X}{A}=\frac{Y}{B}=\frac{Z}{C}. \tag{2.5-4}$$

2.5.2 直线与平面的交点与交角

1. 直线与平面的交点

直线 l 与平面 π 的交点的求法如下：

先将直线 l 的方程化为参数方程

$$\begin{cases}x=x_0+Xt,\\ y=y_0+Yt,\\ z=z_0+Zt,\end{cases} \tag{3}$$

将(3)代入平面 π 的方程(2)整理得

$$(AX+BY+CZ)t=-(Ax_0+By_0+Cz_0+D). \tag{4}$$

于是有

1° 方程(4)有唯一解的充要条件即是直线 l 与平面 π 相交的充要条件(2.5-1).这时由(4)可得交点相应的参数值为

$$t=-\frac{Ax_0+By_0+Cz_0+D}{AX+BY+CZ}, \tag{5}$$

将(5)代回参数方程(3)便可得交点的坐标.

2° 方程(4)无解的充要条件即是直线 l 与平面 π 平行的充要条件(2.5-2).

3° 方程(5)有无数解的充要条件即是直线 l 在平面 π 上的充要条件(2.5-3).

上述对方程(4)的讨论，实际上也就是用代数法证明了定理 2.5.1，这与前面用向量法证明的结果是完全一致的.

2. 直线与平面的交角

当直线 l 与平面 π 不垂直时，直线 l 与它在平面 π 上的射影所构成的锐角 φ

称为直线 l 与平面 π 的**交角**；当直线 l 与平面 π 垂直时，规定它们的交角为直角.

如图 2.5.1 所示，设直线 l 的方向向量 $\boldsymbol{v}$ 与平面 π 的法向量 $\boldsymbol{n}$ 的交角为 $\angle(\boldsymbol{n},\boldsymbol{v})=\theta$，则直线 l 与平面 π 的交角$\varphi=\left|\frac{\pi}{2}-\theta\right|\left(0\leqslant\varphi\leqslant\frac{\pi}{2}\right)$，因此有

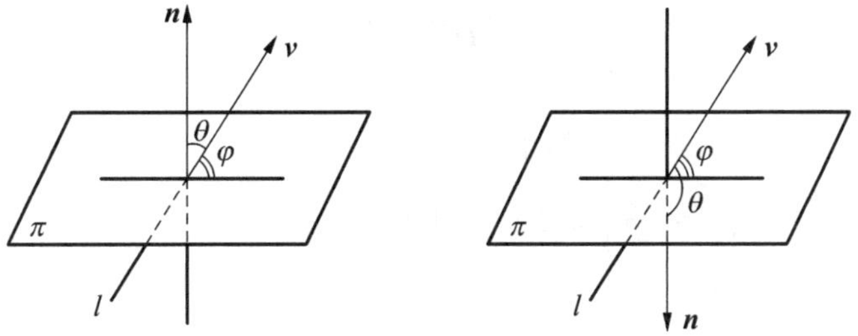

图 2.5.1

定理 2.5.2　设直线 l 的方向向量 $\boldsymbol{v}$ 与平面 π 的法向量 $\boldsymbol{n}$ 的交角 $\angle(\boldsymbol{n},\boldsymbol{v})=\theta$，则直线 l 与平面 π 的交角 φ 满足

$$\sin\varphi=|\cos\theta|=\frac{|\boldsymbol{n}\cdot\boldsymbol{v}|}{|\boldsymbol{n}||\boldsymbol{v}|}. \tag{2.5-5}$$

(2.5 - 5)即是直线与平面交角的计算公式.

例 2.5.1　证明直线 l：$\frac{x+1}{-1}=\frac{y-1}{2}=\frac{z}{1}$与平面 π：$2x-y+z+9=0$ 相交，并求它们的交点与交角.

解　将直线 l 的方程化为参数方程

$$\begin{cases}x=-t-1,\\ y=2t+1,\\ z=t,\end{cases} \tag{6}$$

将(6)代入平面 π 的方程整理得

$$3t-6=0,$$

解得 $t=2$，将此值代入(6)得

$$x=-3,y=5,z=2.$$

因此直线 l 与平面 π 相交，且交点为 $P_0(-3,5,2)$.

由于直线 l 的方向向量 $\boldsymbol{v}=\{-1,2,1\}$，平面 π 的法向量 $\boldsymbol{n}=\{2,-1,1\}$，应用公式(2.5 - 5)得

$$\sin\varphi=\frac{|\boldsymbol{n}\cdot\boldsymbol{v}|}{|\boldsymbol{n}||\boldsymbol{v}|}=\frac{1}{2},$$

由此得直线 l 与平面 π 的交角 $\varphi=\frac{\pi}{6}$.

习题 2.5

1. 判别下列直线与平面的相关位置：

(1) $\frac{x-1}{3}=\frac{y+2}{2}=\frac{z}{-1}$ 与 $2x-y+4z-4=0$；

(2) $\begin{cases}x-y-z-1=0,\\2y+z+2=0\end{cases}$ 与 $3x+y-z+2=0$；

(3) $\begin{cases}x=t+1,\\y=2t-1,\\z=-t\end{cases}$ 与 $2x+y-2z+1=0$.

2. 证明直线 l：$\begin{cases}x-y+z=0,\\2x+z-1=0\end{cases}$ 与平面 π：$2x+y-z+3=0$ 相交，并求它们的交点与交角.

3. 确定 l,m 的值使：

(1) 直线 $\begin{cases}x+y-1=0,\\2x+z-1=0\end{cases}$ 与平面 $lx+my-z+3=0$ 垂直；

(2) 直线 $\frac{x}{1}=\frac{y-1}{2}=\frac{z}{-1}$ 在平面：$lx+y-z+m=0$ 上.

4. 已知直线 l：$\frac{x-a}{3}=\frac{y}{2}=\frac{z}{1}$ 与平面 π：$x-2y+bz=0$，分别指出直线 l 与平面 π 相交，平行，直线 l 在平面 π 上这三种情况下，a,b 应满足的条件.

2.6 空间两直线的相关位置

2.6.1 空间两直线的相关位置

空间两直线的相关位置有异面与共面，在共面时又有相交，平行或重合三种情况,区分它们的解析条件由下述定理给出.

定理 2.6.1　设空间两直线的方程为

$$l_1: \frac{x-x_1}{X_1}=\frac{y-y_1}{Y_1}=\frac{z-z_1}{Z_1}, \tag{1}$$

$$l_2: \frac{x-x_2}{X_2}=\frac{y-y_2}{Y_2}=\frac{z-z_2}{Z_2}, \tag{2}$$

则 l_1 与 l_2 的四种不同相关位置成立的充要条件是

1°　异面:

$$\Delta=\begin{vmatrix} x_2-x_1 & y_2-y_1 & z_2-z_1 \\ X_1 & Y_1 & Z_1 \\ X_2 & Y_2 & Z_2 \end{vmatrix}\neq 0; \tag{2.6-1}$$

2°　相交: $\Delta=0$ 且 $X_1:Y_1:Z_1\neq X_2:Y_2:Z_2$;　(2.6 - 2)

3°　平行: $X_1:Y_1:Z_1=X_2:Y_2:Z_2$

$\neq(x_2-x_1):(y_2-y_1):(z_2-z_1)$;　(2.6 - 3)

4°　重合: $X_1:Y_1:Z_1=X_2:Y_2:Z_2$

$=(x_2-x_1):(y_2-y_1):(z_2-z_1)$;　(2.6 - 4)

证　因为

直线 l_1 通过点 $P_1(x_1,y_1,z_1)$,方向向量为 $\boldsymbol{v}_1=\{X_1,Y_1,Z_1\}$;

直线 l_2 通过点 $P_2(x_2,y_2,z_2)$,方向向量为 $\boldsymbol{v}_2=\{X_2,Y_2,Z_2\}$,

又　向量 $\boldsymbol{P_1P_2}=\{x_2-x_1,y_2-y_1,z_2-z_1\}$,

则由图 2.6.1 可以看出,两直线 l_1 与 l_2 的相关位置决定于三向量 $\boldsymbol{P_1P_2},\boldsymbol{v}_1,\boldsymbol{v}_2$ 的相互关系,若将这三个向量的混合积记作

$$\Delta=(\boldsymbol{P_1P_2},\boldsymbol{v}_1,\boldsymbol{v}_2),$$

则有

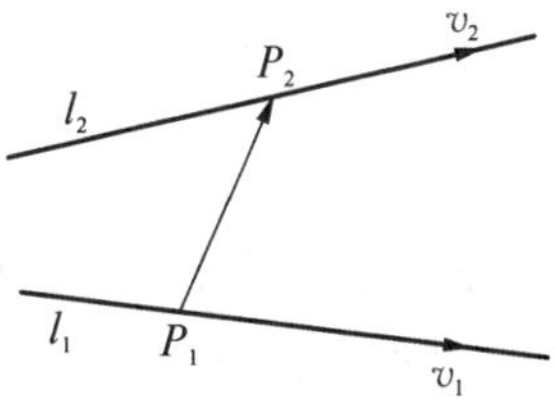

图 2.6.1

1°　两直线 l_1 与 l_2 异面的充要条件是三向量 $\boldsymbol{P_1P_2},\boldsymbol{v}_1,\boldsymbol{v}_2$ 不共面,即 $\Delta\neq 0$,这个条件也就是(2.6 - 1);

2°　两直线 l_1 与 l_2 相交的充要条件是 l_1 与 l_2 共面,且 $\boldsymbol{v}_1 \nparallel \boldsymbol{v}_2$,即 $\Delta=0$,且 $\boldsymbol{v}_1 \nparallel \boldsymbol{v}_2$,这个条件即是(2.6 - 2);

3°　两直线 l_1 与 l_2 平行的充要条件是 $\boldsymbol{v}_1 \parallel \boldsymbol{v}_2 \nparallel \boldsymbol{P_1P_2}$,这个条件即是

(2.6－3)；

4° 两直线 l_1 与 l_2 重合的充要条件是 $\boldsymbol{v}_1 \parallel \boldsymbol{v}_2 \parallel \boldsymbol{P}_1\boldsymbol{P}_2$，这个条件即是(2.6－4).

当两直线异面或相交时，有一种特殊的位置关系是两直线互相垂直，其判定条件有

推论 2.6.1 两直线 l_1 与 l_2 互相垂直的充要条件是 $\boldsymbol{v}_1 \perp \boldsymbol{v}_2$.即

$$X_1X_2+Y_1Y_2+Z_1Z_2=0. \tag{2.6-5}$$

2.6.2 空间两直线的夹角

两直线 l_1，l_2 的方向向量 $\boldsymbol{v}_1$ 与 $\boldsymbol{v}_2$ 的夹角或其补角称为**直线 l_1 与 l_2 的夹角**，记作 $\angle(l_1,l_2)$，即

$$\angle(l_1,l_2)=\angle(\boldsymbol{v}_1,\boldsymbol{v}_2),$$

或

$$\angle(l_1,l_2)=\pi-\angle(\boldsymbol{v}_1,\boldsymbol{v}_2).$$

定理 2.6.2 设空间两直线 l_1，l_2 的方向向量分别为 $\boldsymbol{v}_1$，$\boldsymbol{v}_2$，则 l_1 与 l_2 的夹角的余弦为

$$\cos\angle(l_1,l_2)=\pm\cos\angle(\boldsymbol{v}_1,\boldsymbol{v}_2)=\pm\frac{\boldsymbol{v}_1\cdot\boldsymbol{v}_2}{|\boldsymbol{v}_1||\boldsymbol{v}_2|}, \tag{2.6-6}$$

(2.6－6)是两直线夹角的计算公式.

例 2.6.1 已知两直线

$$l_1: \frac{x-2}{1}=\frac{y-3}{1}=\frac{z-1}{-2},$$

$$l_2: \frac{x-3}{-2}=\frac{y-1}{1}=\frac{z-2}{1},$$

先证明 l_1 与 l_2 相交，再求它们的交角与交点.

解 l_1 过点 $P_1(2,3,1)$，方向向量为 $\boldsymbol{v}_1=\{1,1,-2\}$；

l_2 过点 $P_2(3,1,2)$，方向向量为 $\boldsymbol{v}_2=\{-2,1,1\}$，

又

$$\boldsymbol{P}_1\boldsymbol{P}_2=\{1,-2,1\},$$

因为

$$\Delta=(\boldsymbol{P}_1\boldsymbol{P}_2,\boldsymbol{v}_1,\boldsymbol{v}_2)=\begin{vmatrix}1 & -2 & 1\\ 1 & 1 & -2\\ -2 & 1 & 1\end{vmatrix}=0,$$

又由 $1:1:-2\neq-2:1:1$ 知 $\boldsymbol{v}_1 \nparallel \boldsymbol{v}_2$，所以直线 l_1 与 l_2 相交.

根据(2.6-6)有

$$\cos\angle(l_1,l_2)=\pm\frac{\boldsymbol{v}_1\cdot\boldsymbol{v}_2}{|\boldsymbol{v}_1||\boldsymbol{v}_2|}=\pm\frac{-2+1-2}{\sqrt{1+1+4}\cdot\sqrt{4+1+1}}=\pm\frac{1}{2},$$

所以 $\angle(l_1,l_2)=\frac{\pi}{3}$ 或 $\frac{2\pi}{3}$.

为求 l_1 与 l_2 的交点，先将 l_1 与 l_2 的方程分别改写为一般式与参数式：

$$l_1:\begin{cases}x-y+1=0,\\2y+z-7=0;\end{cases}\tag{3}$$

$$l_2:\begin{cases}x=-2t+3,\\y=t+1,\\z=t+2;\end{cases}\tag{4}$$

将(4)代入(3)得交点的参数值 t 所满足的方程：

$$\begin{cases}-3t+3=0,\\3t-3=0;\end{cases}$$

解得 $t=1$，再代入(4)即得 l_1 与 l_2 的交点为 $P_0(1,2,3)$.

2.6.3　两异面直线间的距离与公垂线方程

空间两直线上的点之间的最短距离称为这**两条直线之间的距离**.显然两相交或重合直线之间的距离为零；两平行直线之间的距离等于其中一直线上任一点到另一直线的距离.关于点到空间直线的距离我们在下一节讨论，下面讨论两异面直线之间的距离.

与两异面直线都垂直相交的直线称为两异面直线的**公垂线**.两异面直线的公垂线唯一存在.公垂线与两异面直线的交点即两垂足所成的线段称为**公垂线段**.显然公垂线段的长是两异面直线上的点之间的最短距离，即是两异面直线之间的距离.

定理 2.6.3　设两异面直线 l_1,l_2 分别通过点 P_1,P_2，它们的方向向量分别为 $\boldsymbol{v}_1,\boldsymbol{v}_2$，则 l_1 与 l_2 之间的距离

$$d=\frac{|(\boldsymbol{P}_1\boldsymbol{P}_2,\boldsymbol{v}_1,\boldsymbol{v}_2)|}{|\boldsymbol{v}_1\times\boldsymbol{v}_2|}.\tag{2.6-7}$$

证　设两异面直线 l_1,l_2 的公垂线 l 与 l_1,l_2 的交点分别为 N_1,N_2

(图 2.6.2),由于 $l \perp \boldsymbol{v}_1, l \perp \boldsymbol{v}_2$,所以

$$l \parallel \boldsymbol{v}_1 \times \boldsymbol{v}_2,$$

于是 l_1 与 l_2 之间的距离

$$\begin{aligned} d &= |\boldsymbol{N}_1\boldsymbol{N}_2| \\ &= |射影_{\boldsymbol{N}_1\boldsymbol{N}_2} \boldsymbol{P}_1\boldsymbol{P}_2| \\ &= |射影_{\boldsymbol{v}_1 \times \boldsymbol{v}_2} \boldsymbol{P}_1\boldsymbol{P}_2| \\ &= \frac{|\boldsymbol{P}_1\boldsymbol{P}_2 \cdot (\boldsymbol{v}_1 \times \boldsymbol{v}_2)|}{|\boldsymbol{v}_1 \times \boldsymbol{v}_2|}, \end{aligned}$$

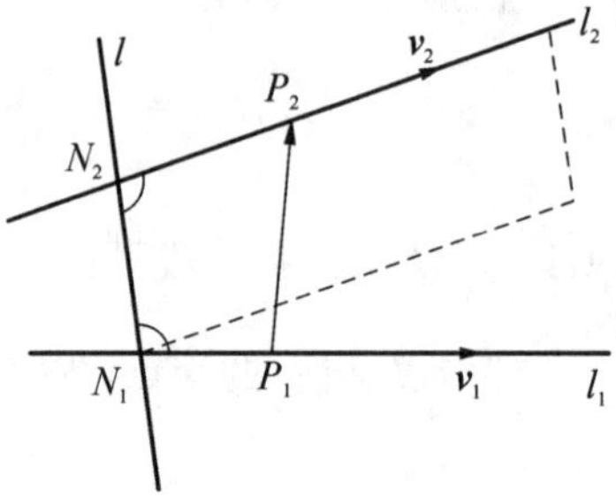

图 2.6.2

即 $$d = \frac{|(\boldsymbol{P}_1\boldsymbol{P}_2, \boldsymbol{v}_1, \boldsymbol{v}_2)|}{|\boldsymbol{v}_1 \times \boldsymbol{v}_2|}.$$

在两异面直线间距离的计算公式(2.6-7)中,分子是以 $\boldsymbol{v}_1, \boldsymbol{v}_2, \boldsymbol{P}_1\boldsymbol{P}_2$ 为三边的平行六面体的体积,分母是以 $\boldsymbol{v}_1, \boldsymbol{v}_2$ 为边的平行四边形的面积,因此两异面直线间的距离也就是这个平行六面体在 $\boldsymbol{v}_1, \boldsymbol{v}_2$ 所决定的底面上的高.

在定理 2.6.3 的证明中,我们还可得出

推论 2.6.2 设两异面直线 l_1, l_2 的方向向量分别为 $\boldsymbol{v}_1, \boldsymbol{v}_2$,则 l_1 与 l_2 的公垂线 l 的一个方向向量为

$$\boldsymbol{v} = \boldsymbol{v}_1 \times \boldsymbol{v}_2. \tag{2.6-8}$$

下面来求由方程(1),(2)表示的两异面直线 l_1 与 l_2 的公垂线 l 的方程.

设由(2.6-8)确定的公垂线 l 的方向向量为 $\boldsymbol{v} = \{X, Y, Z\}$,如图 2.6.2,公垂线 l 可看作由 l_1, l 决定的平面 π_1 与由 l_2, l 决定的平面 π_2 的交线,而平面 π_1 过点 P_1,并有方位向量 $\boldsymbol{v}_1$ 与 $\boldsymbol{v}$;平面 π_2 过点 P_2,并有方位向量 $\boldsymbol{v}_2$ 与 $\boldsymbol{v}$,应用点位式即可得到 π_1 与 π_2 的方程,从而可得它们的交线也就是 l_1 与 l_2 的公垂线 l 的方程为

$$\begin{cases} \begin{vmatrix} x-x_1 & y-y_1 & z-z_1 \\ X_1 & Y_1 & Z_1 \\ X & Y & Z \end{vmatrix} = 0, \\ \begin{vmatrix} x-x_2 & y-y_2 & z-z_2 \\ X_2 & Y_2 & Z_2 \\ X & Y & Z \end{vmatrix} = 0, \end{cases} \tag{2.6-9}$$

其中 X, Y, Z 是公垂线的方向向量 $\boldsymbol{v} = \boldsymbol{v}_1 \times \boldsymbol{v}_2$ 的坐标.

例 2.6.2　已知两直线

$$l_1: \frac{x}{1}=\frac{y}{-1}=\frac{z+1}{0},$$

$$l_2: \frac{x-1}{1}=\frac{y-1}{1}=\frac{z-1}{0},$$

试证明 l_1 与 l_2 为两异面直线,并求 l_1 与 l_2 间的距离与它们的公垂线方程.

解　由直线 l_1 与 l_2 的方程知

$$l_1 \text{过点 } P_1(0,0,-1),\ l_1 \parallel \boldsymbol{v}_1=\{1,-1,0\},$$

$$l_2 \text{过点 } P_2(1,1,1),\ l_2 \parallel \boldsymbol{v}_2=\{1,1,0\}.$$

因为

$$\Delta=(\boldsymbol{P}_1\boldsymbol{P}_2,\boldsymbol{v}_1,\boldsymbol{v}_2)=\begin{vmatrix}1 & 1 & 2\\ 1 & -1 & 0\\ 1 & 1 & 0\end{vmatrix}=4\neq 0,$$

所以 l_1 与 l_2 为两异面直线.

又 $$\boldsymbol{v}=\boldsymbol{v}_1\times\boldsymbol{v}_2=\{0,0,2\},$$

于是 l_1 与 l_2 之间的距离

$$d=\frac{|(\boldsymbol{P}_1\boldsymbol{P}_2,\boldsymbol{v}_1,\boldsymbol{v}_2)|}{|\boldsymbol{v}_1\times\boldsymbol{v}_2|}=\frac{4}{2}=2.$$

且由 l_1 与 l_2 的公垂线 $l \parallel \boldsymbol{v}$,根据(2.6-9)得公垂线 l 的方程为

$$\begin{cases}\begin{vmatrix}x & y & z+1\\ 1 & -1 & 0\\ 0 & 0 & 2\end{vmatrix}=0,\\ \begin{vmatrix}x-1 & y-1 & z-1\\ 1 & 1 & 0\\ 0 & 0 & 2\end{vmatrix}=0,\end{cases}$$

即 $$\begin{cases}x+y=0,\\ x-y=0,\end{cases}$$

又可写成

$$\begin{cases}x=0,\\ y=0,\end{cases}$$

可见所求公垂线就是 z 轴.

习题 2.6

1. 判别下列各对直线的相关位置,若是异面或相交再判定它们是否垂直.

(1) $\begin{cases}2x+y-z=0,\\x-y-2z=0\end{cases}$ 与 $\begin{cases}x+y=0,\\x-z+2=0;\end{cases}$

(2) $\dfrac{x-1}{1}=\dfrac{y-1}{0}=\dfrac{z}{1}$ 与 $\dfrac{x}{-1}=\dfrac{y-1}{2}=\dfrac{z-1}{1}$;

(3) $\begin{cases}x=t+2,\\y=2t+3,\\z=-t\end{cases}$ 与 $\dfrac{x-1}{2}=\dfrac{y-1}{1}=\dfrac{z-1}{2}$.

2. 求下列两对直线的夹角,若两直线相交并求其交点.

(1) $\dfrac{x-2}{-1}=\dfrac{y+2}{1}=\dfrac{z+1}{2}$ 与 $\dfrac{x-1}{2}=\dfrac{y+1}{1}=\dfrac{z-1}{-1}$;

(2) $\begin{cases}x+y+z+1=0,\\2x+2y-3z-3=0\end{cases}$ 与 $\begin{cases}x-y-z+1=0,\\3x-3y+2z-2=0.\end{cases}$

3. 求两异面直线

$$l_1: \frac{x+2}{4}=\frac{y-1}{0}=\frac{z-5}{3} \text{ 与 } l_2: \frac{x-1}{4}=\frac{y-1}{1}=\frac{z-1}{3}$$

之间的距离和公垂线的方程.

4. 求过点 $P(2,-1,3)$ 且与直线 $\dfrac{x+5}{2}=\dfrac{y-7}{-2}=\dfrac{z}{1}$ 垂直相交的直线方程.

5. 设 d 和 d' 分别是坐标原点到点 $M(a,b,c)$ 和 $M'(a',b',c')$ 的距离,证明当 $aa'+bb'+cc'=dd'$ 时直线 MM' 通过原点.

2.7 空间直线与点的相关位置

空间直线与点的相关位置有两种情况,即点在直线上与点不在直线上.

定理 2.7.1 设空间一点 $P_0(x_0,y_0,z_0)$,直线

$$l: \frac{x-x_1}{X}=\frac{y-y_1}{Y}=\frac{z-z_1}{Z},$$

则点 P_0 在直线 l 上的充要条件是

$$(x_0-x_1):(y_0-y_1):(z_0-z_1)=X:Y:Z; \tag{2.7-1}$$

点 P_0 不在直线 l 上的充要条件是

$$(x_0-x_1):(y_0-y_1):(z_0-z_1)\neq X:Y:Z. \tag{2.7-2}$$

空间一点 P_0 与直线 l 上的点之间的最短距离称为**点 $\boldsymbol{P_0}$ 到直线 $\boldsymbol{l}$ 的距离**.显然,若点 P_0 在直线 l 上,则点 P_0 到直线 l 的距离等于零.一点 P_0 到直线 l 的距离的计算公式如下:

定理 2.7.2　设空间一点 $P_0(x_0,y_0,z_0)$,直线 l 通过点 $P_1(x_1,y_1,z_1)$,l 的方向向量为 $\boldsymbol{v}=\{X,Y,Z\}$,则点 P_0 到直线 l 的距离

$$d=\frac{|\boldsymbol{v}\times\boldsymbol{P}_1\boldsymbol{P}_0|}{|\boldsymbol{v}|}. \tag{2.7-3}$$

将向量 $\boldsymbol{v}$ 与 $\boldsymbol{P}_1\boldsymbol{P}_0$ 的坐标代入公式(2.7-3)计算即可求得点 P_0 到直线 l 的距离 d.

证　当点 P_0 不在直线 l 上时,如图 2.7.1 所示,点 P_0 到直线 l 的距离 d 是以向量 $\boldsymbol{v}$ 与 $\boldsymbol{P}_1\boldsymbol{P}_0$ 为邻边的平行四边形的底边 $\boldsymbol{v}$ 上的高.由于这个平行四边形的面积等于 $|\boldsymbol{v}\times\boldsymbol{P}_1\boldsymbol{P}_0|$,底边长为 $|\boldsymbol{v}|$,因此得到

$$d=\frac{|\boldsymbol{v}\times\boldsymbol{P}_1\boldsymbol{P}_0|}{|\boldsymbol{v}|}$$

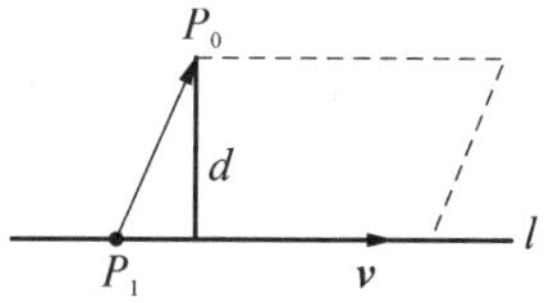

图 2.7.1

即(2.7-3)成立.

当点 P_0 在直线 l 上时,距离 $d=0$,且同时有 $\boldsymbol{v}\parallel\boldsymbol{P}_1\boldsymbol{P}_0$ 即 $\boldsymbol{v}\times\boldsymbol{P}_1\boldsymbol{P}_0=\boldsymbol{0}$,这时公式(2.7-3)仍然成立.

例 2.7.1　已知空间一点 $P_0(1,2,-4)$,与一直线

$$l:\begin{cases}x-2y+z+3=0,\\3x-6y+2z+9=0,\end{cases}$$

试求:(1) 点 P_0 到直线 l 的距离;

(2) 直线 l 上到点 P_0 的距离等于 $\sqrt{21}$ 的点的坐标.

解　(1) 易得直线 l 上一点 $P_1(-3,0,0)$,又 l 的方向向量为

$$\boldsymbol{v}=\{1,-2,1\}\times\{3,-6,2\}=\{2,1,0\},$$

从而

$$\boldsymbol{v}\times\boldsymbol{P}_1\boldsymbol{P}_0=\{2,1,0\}\times\{4,2,-4\}=-4\{1,2,0\},$$

$$|\boldsymbol{v}\times\boldsymbol{P}_1\boldsymbol{P}_0|=4\sqrt{5},\ |\boldsymbol{v}|=\sqrt{5},$$

应用公式(2.7-3)，点 P_0 到直线 l 的距离

$$d=\frac{|\boldsymbol{v}\times\boldsymbol{P_1P_0}|}{|\boldsymbol{v}|}=\frac{4\sqrt{5}}{\sqrt{5}}=4.$$

(2) 直线 l 的参数方程为

$$\begin{cases}x=2t-3,\\ y=t,\\ z=0,\end{cases}$$

若直线 l 上的点 $P(2t-3,t,0)$ 到点 $P_0(1,2,-4)$ 的距离等于 $\sqrt{21}$，则有

$$|\boldsymbol{P_0P}|^2=21,$$

即有

$$(2t-4)^2+(t-2)^2+4^2=21,$$

化简得

$$(t-2)^2=1$$

解得

$$t=3 \quad \text{或} \quad t=1,$$

因此得直线 l 上与点 P_0 相距 $\sqrt{21}$ 的点为 $P(3,3,0)$ 或 $P'(-1,1,0)$.

习题 2.7

1. 求点 $P(2,3,-1)$ 到直线 $\begin{cases}2x-2y+z+3=0,\\ x+z+14=0\end{cases}$ 的距离.

2. 求从原点到直线 l_0：$\begin{cases}x+2y+3z+4=0,\\ 2x+3y+4z+5=0\end{cases}$ 的垂线和垂足.

2.8 平 面 束

2.8.1 有轴平面束

定义 2.8.1 通过定直线 l 的所有平面的集合称为**有轴平面束**，直线 l 称为**平面束的轴**.

定理 2.8.1　设两平面

$$\pi_1: A_1x+B_1y+C_1z+D_1=0, \tag{1}$$

$$\pi_2: A_2x+B_2y+C_2z+D_2=0 \tag{2}$$

的交线为 l,则以直线 l 为轴的有轴平面束的方程是

$$\lambda(A_1x+B_1y+C_1z+D_1)+\mu(A_2x+B_2y+C_2z+D_2)=0, \tag{2.8-1}$$

其中 λ,μ 是不全为零的任意实数.

证　首先证明,对于任意不全为零的实数 λ 与 μ,式(2.8-1)是 x,y,z 的一次方程,因而表示平面.为此将(2.8-1)改写成

$$(\lambda A_1+\mu A_2)x+(\lambda B_1+\mu B_2)y+(\lambda C_1+\mu C_2)z \\ +(\lambda D_1+\mu D_2)=0, \tag{2.8-1'}$$

其中 x,y,z 的系数不能全为零.否则,若

$$\lambda A_1+\mu A_2=0,\ \lambda B_1+\mu B_2=0,\ \lambda C_1+\mu C_2=0,$$

由于 λ,μ 不全为零,不妨设 $\lambda\neq 0$,则将有

$$\frac{A_1}{A_2}=\frac{B_1}{B_2}=\frac{C_1}{C_2}=\frac{\mu}{\lambda},$$

这与两平面 π_1 与 π_2 相交矛盾,因此(2.8-1′)也就是(2.8-1)为关于 x,y,z 的一次方程,它表示平面.

下面证明,对于任意不全为零的实数 λ,μ,平面(2.8-1)总通过直线 l,这是因为平面 π_1 与 π_2 的交线 l 上任一点的坐标同时满足方程(1)与(2),从而满足方程(2.8-1),所以直线 l 在平面(2.8-1)上,因此平面(2.8-1)总是通过直线 l 的平面束中的平面.

反过来,再证明通过直线 l 的平面束中任一平面 π 的方程总可表示为(2.8-1)的形式.为此设 $P_0(x_0,y_0,z_0)$ 在平面 π 上,且不在直线 l 上,则要使(2.8-1)表示过 $P_0(x_0,y_0,z_0)$ 的平面 π 的条件为

$$\lambda(A_1x_0+B_1y_0+C_1z_0+D_1)+\mu(A_2x_0+B_2y_0+C_2z_0+D_2)=0,$$

又由于 P_0 不在直线 l 上,因此 $A_1x_0+B_1y_0+C_1z_0+D_1$ 与 $A_2x_0+B_2y_0+C_2z_0+D_2$ 不全为零,从而由上式可得不全为零的 λ,μ 满足

$$\lambda:\mu=-(A_2x_0+B_2y_0+C_2z_0+D_2):(A_1x_0+B_1y_0+C_1z_0+D_1),$$

因此平面 π 的方程可表示成式(2.8-1)的形式:

$$(A_2x_0+B_2y_0+C_2z_0+D_2)(A_1x+B_1y+C_1z+D_1) \\ -(A_1x_0+B_1y_0+C_1z_0+D_1)(A_2x+B_2y+C_2z+D_2)=0.$$

综上所证,(2.8-1)表示以直线 l 为轴的平面束方程.

例 2.8.1 求通过直线$\begin{cases}x+2y-z+2=0,\\x-y-z-1=0\end{cases}$且与平面 $x-2y-z+1=0$垂直的平面方程.

解 因为所求平面通过已知直线,根据(2.8-1)可设所求平面方程为

$$\lambda(x+2y-z+2)+\mu(x-y-z-1)=0,$$

即
$$(\lambda+\mu)x+(2\lambda-\mu)y-(\lambda+\mu)z+(2\lambda-\mu)=0,$$

根据两平面垂直的条件(2.3-5)得

$$(\lambda+\mu)-2(2\lambda-\mu)+(\lambda+\mu)=0,$$

即
$$-2\lambda+4\mu=0,$$

所以
$$\lambda:\mu=2:1,$$

从而所求平面方程为

$$2(x+2y-z+2)+(x-y-z-1)=0,$$

即
$$x+y-z+1=0.$$

例 2.8.2 求通过点 $M(-1,1,-1)$且与两直线

$$l_1\begin{cases}x-y=0,\\y-z=0\end{cases} \text{与 } l_2\begin{cases}x=0,\\y+z-1=0\end{cases}$$

均相交的直线 l 的方程.

解 所求直线 l 可作为由直线 l_1和点 M 确定的平面 π_1与由直线 l_2和点 M 确定的平面 π_2的交线.

因为平面 π_1通过直线 l_1,可设 π_1的方程为

$$\lambda(x-y)+\mu(y-z)=0,$$

又由平面 π_1通过点 $M(-1,1,-1)$得

$$-2\lambda+2\mu=0,\ \text{即}\ \lambda:\mu=1:1.$$

因此得平面 π_1: $x-z=0$;

因为平面 π_2通过直线 l_2,可设 π_2的方程为

$$\lambda' x+\mu'(y+z-1)=0,$$

又由 π_2通过点 $M(-1,1,-1)$得

$$-\lambda'-\mu'=0,\ \text{即}\ \lambda':\mu'=1:-1.$$

因此得平面 π_2: $x-y-z+1=0$.

从而所求直线 l 的方程为

$$\begin{cases} x-z=0, \\ x-y-z+1=0. \end{cases}$$

2.8.2　平行平面束

定义 2.8.2　平面 π_0 与平行于它的所有平面的集合称为**平行平面束**.

定理 2.8.2　由平面 π_0：$Ax+By+Cz+D=0$ 决定的平行平面束的方程为

$$Ax+By+Cz+\lambda=0, \tag{2.8-2}$$

其中 λ 为任意实数.

证　首先,对任意实数 λ,方程(2.8－2)总表示由 π_0 决定的平面束中的平面.当 $\lambda \neq D$ 时,它表示与平面 π_0 平行的平面;当 $\lambda=D$ 时,它表示平面 π_0.

反过来,对于由平面 π_0 决定的平行平面束中任一平面 π,它的方程总可表示成(2.8－2)的形式,为此设 $P_0(x_0,y_0,z_0)$ 是平面 π 上一点,则可取 $\lambda=-(Ax_0+By_0+Cz_0)$,使平面 π 的方程表示成(2.8－2)的形式:

$$Ax+By+Cz-(Ax_0+By_0+Cz_0)=0.$$

综上所证,(2.8－2)是由平面 π 决定的平行平面束的方程.

例 2.8.3　在平面 π_1：$x+y-z-1=0$ 上,求通过 π_1 上点 $M(1,1,1)$ 且与平面 π_0：$2x-y+z+1=0$ 平行的直线 l 的方程.

解　所求直线 l 可作为平面 π_1 与通过点 M 且平行于平面 π_0 的平面 π_2 的交线.

因为平面 π_2 平行于 π_0,可设 π_2 的方程为

$$2x-y+z+\lambda=0,$$

又由平面 π_2 通过点 $M(1,1,1)$ 得

$$2+\lambda=0 \text{ 即 } \lambda=-2,$$

由此得平面 π_2：$2x-y+z-2=0$.

从而平面 π_1 与 π_2 的交线,即所求直线 l 的方程为

$$\begin{cases} x+y-z-1=0, \\ 2x-y+z-2=0. \end{cases}$$

习题 2.8

1. 求直线 $l:\begin{cases}x-y+z-6=0,\\ y-2z+4=0\end{cases}$ 在平面 $x+y-z=0$ 上的射影的方程.

2. 求通过直线 $\begin{cases}x+5y+z=0,\\ x-z+4=0\end{cases}$ 且与平面 $x-4y-8z+1=0$ 成 $\frac{\pi}{4}$ 交角的平面方程.

3. 求与平面 $2x+3y-z+2=0$ 平行,且在 Oz 轴上截距等于 -2 的平面方程.

4. 求与平面 $x+3y+2z=0$ 平行,且与三坐标平面围成的四面体体积为 6 的平面方程.

5. 在由直线 $l:\begin{cases}x+y+z-1=0,\\ x-y+z+1=0\end{cases}$ 与点 $M(1,0,1)$ 确定的平面内,求通过点 M 且与平面 π_0: $2x+y-z=0$ 平行的直线.

第3章
特殊曲面

在上一章,我们研究了空间最简单的曲面和曲线(即平面和直线)的方程.这一章我们将进一步建立一般的曲面和空间曲线与方程的联系,明确曲面方程和空间曲线方程的定义与各种形式;同时我们对四种常用的特殊曲面(球面,柱面,锥面与旋转曲面)根据它们各自明显的几何特征来建立它们的方程.

3.1 曲面与空间曲线的方程

3.1.1 曲面的方程

空间的一个曲面 S 可以看作具有某种特征性质的点的轨迹,从集合的观点来讲,曲面 S 是一个具有某种特征性质的点的集合.在空间建立了坐标系后,空间的点 P 与它的坐标(x,y,z)之间建立了一一对应关系,从而我们可以将曲面上点的特征性质用点的坐标 x,y,z 之间的关系式即方程 $F(x,y,z)=0$ 来表示,因此可以建立曲面与方程之间的联系.

定义 3.1.1 在空间直角坐标系下,若曲面 S 与方程 $F(x,y,z)=0$ 有如下关系:

(1) 曲面 S 上任何一点的坐标(x,y,z)都满足方程 $F(x,y,z)=0$;

(2) 满足方程 $F(x,y,z)=0$ 的(x,y,z)所表示的点都在曲面 S 上.

则方程 $F(x,y,z)=0$ 称为**曲面 S 的方程**,而曲面 S 称为**方程 $F(x,y,z)=0$ 的图形.**

下面我们举例说明如何推求曲面的方程.

例 3.1.1 求以点 $P_0(a,b,c)$ 为中心，半径为 r 的球面 S 的方程.

解 设球面 S 上任意一点为 $P(x,y,z)$，则有

$$|\boldsymbol{P_0P}|=r, \tag{1}$$

用坐标表示(1)得

$$\sqrt{(x-a)^2+(y-b)^2+(z-c)^2}=r, \tag{2}$$

(2)式两边平方得

$$(x-a)^2+(y-b)^2+(z-c)^2=r^2. \tag{3}$$

反之，满足方程(3)的任意点 $P(x,y,z)$ 必满足(2)，也即满足(1)，从而点 P 在球面 S 上，因此(3)即是球面 S 的方程.

特别地，以原点为中心，半径为 r 的球面方程为

$$x^2+y^2+z^2=r^2. \tag{4}$$

例 3.1.2 到定直线 l 距离等于定长 a 的点的轨迹称为以 l 为轴，半径是 a 的**圆柱面**.试选取适当的坐标系，求这个圆柱面的方程.

解 取空间直角坐标系 $O-xyz$，使定直线 l 为 Oz 轴.

设点 $P(x,y,z)$ 是所求圆柱面 S 上任意一点，则点 P 到 Oz 轴的距离

$$d=a, \tag{5}$$

根据公式(2.7-3)易得 $d=\sqrt{x^2+y^2}$，因此有

$$\sqrt{x^2+y^2}=a, \tag{6}$$

(6)式两边平方得

$$x^2+y^2=a^2. \tag{3.1-1}$$

反之，满足(3.1-1)的点 $P(x,y,z)$ 必满足式(6)，即满足式(5)，从而点 P 在圆柱面 S 上.因此

以 Oz 轴为轴，半径为 a 的圆柱面 S 的方程为(3.1-1).

对于曲面方程 $F(x,y,z)=0$，还须注意有以下几种特殊情况：

1° 若方程左端可以分解因式，例如

$$F(x,y,z)=F_1(x,y,z)\cdot F_2(x,y,z),$$

则原方程表示两个曲面，它们的方程分别为

$$F_1(x,y,z)=0,\ F_2(x,y,z)=0.$$

2° 方程 $F(x,y,z)=0$ 所表示的图形可能是几个孤立点，或者退化为一条曲线.例如方程

$$x^2+y^2+z^2=0,$$

只有点(0,0,0)满足它,它表示的图形是原点,又如方程

$$x^2+y^2=0,$$

只有 $x=y=0$ 的点$(0,0,z)$能满足它,因此它表示一条直线,即 z 轴.

3° 方程 $F(x,y,z)=0$ 可能不表示任何图形,例如方程

$$x^2+y^2+z^2=-1,$$

没有任何实数值(x,y,z)满足它,因而方程不表示任何实图形,常称它为虚曲面.

下面我们介绍曲面的参数方程.

已给平面 π 上一点 $P_0(x_0,y_0,z_0)$,与一对方位向量 $\boldsymbol{a}=\{X_1,Y_1,Z_1\}$, $\boldsymbol{b}=\{X_2,Y_2,Z_2\}$,则平面 π 的点位式向量方程为(2.1-3),即

$$(\boldsymbol{r}-\boldsymbol{r}_0,\boldsymbol{a},\boldsymbol{b})=0,$$

其中 $\boldsymbol{r}_0$与 $\boldsymbol{r}$ 分别为平面 π 上定点 P_0与任意一点 P 的向径.π 的向量方程(2.1-3)可改写为

$$\boldsymbol{r}-\boldsymbol{r}_0=u\boldsymbol{a}+v\boldsymbol{b},$$

即

$$\boldsymbol{r}=\boldsymbol{r}_0+u\boldsymbol{a}+v\boldsymbol{b}, \tag{3.1-2}$$

(3.1-2)用坐标表示即为

$$\begin{cases}x=x_0+uX_1+vX_2,\\ y=y_0+uY_1+vY_2,\\ z=z_0+uZ_1+vZ_2\end{cases}\quad\begin{pmatrix}-\infty<u<+\infty\\ -\infty<v<+\infty\end{pmatrix}, \tag{3.1-3}$$

方程(3.1-2)或(3.1-3)称为**平面 π 的参数方程**,其中 u,v 称为**参数**.每一对(u,v)的值对应确定平面 π 上一点(x,y,z).

由(3.1-3)消去参数 u,v,则平面 π 的方程又化为点位式的坐标方程(2.1-4),即

$$\begin{vmatrix}x-x_0 & y-y_0 & z-z_0\\ X_1 & Y_1 & Z_1\\ X_2 & Y_2 & Z_2\end{vmatrix}=0.$$

一般地,对于空间一个曲面 S,也可以把曲面 S 上任意点的坐标 x,y,z 分别表示为两个参数 u,v 的函数,即

$$\begin{cases} x=x(u,v), \\ y=y(u,v), \\ z=z(u,v) \end{cases} \quad \begin{pmatrix} a\leqslant u\leqslant b \\ c\leqslant v\leqslant d \end{pmatrix}, \tag{3.1-4}$$

(3.1-4)也可以写成 u,v 的向量函数形式

$$\boldsymbol{r}=\boldsymbol{r}(u,v)=\{x(u,v),y(u,v),z(u,v)\}, \tag{3.1-4'}$$

其中 $\boldsymbol{r}=\boldsymbol{OP}$ 为曲面 S 上任意一点 $P(x,y,z)$ 的向径.

定义 3.1.2 若对于 $u(a\leqslant u\leqslant b)$ 与 $v(c\leqslant v\leqslant d)$ 的每一对值 (u,v)，方程(3.1-4)或(3.1-4′)确定的点 $P(x,y,z)$ 都在曲面 S 上；反之，曲面 S 上任一点 P 的坐标 (x,y,z) 都可以由 $u(a\leqslant u\leqslant b)$ 与 $v(c\leqslant v\leqslant d)$ 的某一对值通过(3.1-4)或(3.1-4′)来表示，则(3.1-4)或(3.1-4′)称为**曲面 S 的参数方程**，**u** 与 **v** 称为**参数**.

例 3.1.3 求中心在原点，半径为 r 的球面的参数方程.

解 设 $P(x,y,z)$ 是球面上任意一点.

点 P 在 xOy 坐标面上的射影为 N，N 在 x 轴上的射影为 M(图 3.1.1).

并设

$$\angle MON=\varphi,\ \angle NOP=\theta,$$

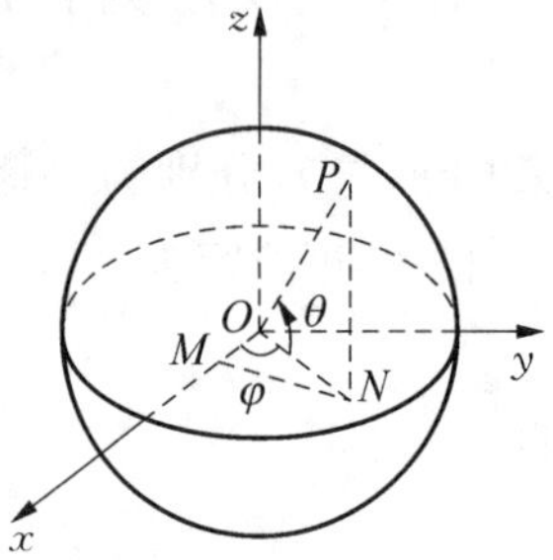

图 3.1.1

则有

$$x=OM=|ON|\cos\varphi=r\cos\theta\cos\varphi,$$
$$y=MN=|ON|\sin\varphi=r\cos\theta\sin\varphi,$$
$$z=NP=r\sin\theta,$$

所以球面上的点满足参数方程

$$\begin{cases} x=r\cos\theta\cos\varphi, \\ y=r\cos\theta\sin\varphi, \\ z=r\sin\theta \end{cases} \quad \begin{pmatrix} -\pi\leqslant\varphi\leqslant\pi \\ -\dfrac{\pi}{2}\leqslant\theta\leqslant\dfrac{\pi}{2} \end{pmatrix}, \tag{3.1-5}$$

或表示为

$$\boldsymbol{r}=\boldsymbol{OP}=\{r\cos\theta\cos\varphi,r\cos\theta\sin\varphi,r\sin\theta\}, \tag{3.1-5'}$$

若从(3.1-5)消去参数 φ 与 θ，就得式(4)，即任意一对 (φ,θ) 的可取值由(3.1-5)对应确定的点 $P(x,y,z)$ 在以原点为中心，半径为 r 的球面上.

因此方程(3.1－5)即是以原点为中心，半径为 r 的球面的参数方程.

相对于曲面的参数方程，曲面由其点的坐标关系表示的方程 $F(x,y,z)=0$ 称为**曲面的普通方程**.若可将曲面的参数方程消去参数，则它可转化为这个曲面的普通方程.

例 3.1.4　将下列曲面的参数方程化为普通方程，并指出它们是何种曲面.

(1) $S_1:\begin{cases}x=1-u+v,\\y=-1+2u-v,\\z=1-u+2v\end{cases}\quad\left(\begin{array}{c}-\infty<u<+\infty\\-\infty<v<+\infty\end{array}\right);$

(2) $S_2:\begin{cases}x=a\cos\varphi,\\y=a\sin\varphi,\\z=v\end{cases}\quad\left(\begin{array}{c}0\leqslant\varphi\leqslant 2\pi\\-\infty<v<+\infty\end{array}\right).$

解　将 S_1 的参数方程改写为向量表示形式

$$\{x-1,y+1,z-1\}=u\{-1,2,-1\}+v\{1,-1,2\},$$

由三个向量共面的条件得

$$\begin{vmatrix}x-1 & y+1 & z-1\\-1 & 2 & -1\\1 & -1 & 2\end{vmatrix}=0,$$

化简得

$$S_1:3x+y-z-1=0,$$

可见曲面 S_1 为平面.

由 S_2 的参数方程中前两式两边平方相加即可消去参数 φ,v 得普通方程为

$$S_2:x^2+y^2=a^2.$$

根据(3.1－1)，曲面 S_2 是以 z 轴为轴，半径为 a 的圆柱面.

3.1.2　空间曲线的方程

空间曲线可以看成两个曲面的交线.

设曲线 C 为两个曲面

$$S_1:F_1(x,y,z)=0,$$

$$S_2:F_2(x,y,z)=0$$

的交线，则点 $P(x,y,z)$ 在曲线 C 上的充要条件是点 $P(x,y,z)$ 同时在两个

曲面 S_1，S_2上，也就是点 P 的坐标同时满足 S_1与 S_2的方程.

定义 3.1.3 设曲线 C 为曲面 S_1：$F_1(x,y,z)=0$ 与曲面 S_2：$F_2(x,y,z)=0$ 的交线，则方程组

$$\begin{cases}F_1(x,y,z)=0,\\F_2(x,y,z)=0,\end{cases}\tag{3.1-6}$$

称为**空间曲线 C 的一般方程**，或称为**普通方程**.

由于一个方程组与它的等价(同解)方程组有相同的解集，因此两个等价方程组表示同一空间曲线，由此得到

推论 3.1.1 曲线 C 的方程(3.1-6)的等价方程

$$\begin{cases}F_3(x,y,z)=0,\\F_4(x,y,z)=0\end{cases}\tag{3.1-7}$$

也是曲线 C 的方程.

这个推论的几何意义是曲线 C 可看作通过它的另外两个曲面 S_3：$F_3(x,y,z)=0$ 与 S_4：$F(x,y,z)=0$ 的交线.

例 3.1.5 探讨曲线

$$C:\begin{cases}2x^2+2y^2+z^2=2,\\x^2+y^2=1\end{cases}$$

为何种曲线?

解 将曲线 C 的原方程等价改写成

$$\begin{cases}x^2+y^2+z^2=1,\\x^2+y^2=1,\end{cases}$$

再等价表示为

$$C:\begin{cases}x^2+y^2+z^2=1,\\z=0,\end{cases}$$

由此可见，曲线 C 是中心在原点的单位球面与过中心的 xOy 坐标平面的交线，因此曲线 C 为 xOy 坐标面上以原点为中心的一个单位圆.

下面介绍空间曲线的参数方程.

我们知道直线的参数方程是

$$\begin{cases}x=x_0+Xt,\\y=y_0+Yt,\\z=z_0+Zt\end{cases}\quad(-\infty<t<+\infty),\tag{7}$$

每个 t 的可取值对应确定直线上一点 (x,y,z)，直线上每一点的坐标 (x,y,z) 可由 t 的某一个值通过(7)来表示.

一般地，空间曲线也可用参数方程表示，即把曲线上任意一点的坐标 x，y，z 分别表示为 t 的函数

$$\begin{cases} x=x(t), \\ y=y(t), \\ z=z(t) \end{cases} \quad (a\leqslant t\leqslant b), \tag{3.1-8}$$

(3.1-8)也可以表示为 t 的向量函数的形式

$$\boldsymbol{r}=\boldsymbol{r}(t)=\{x(t),y(t),z(t)\}, \tag{3.1-8'}$$

其中 $\boldsymbol{r}=\boldsymbol{OP}$ 是曲线上任意一点 $P(x,y,z)$ 的向径.

定义 3.1.4 若对于 $t(a\leqslant t\leqslant b)$ 的每一个值，由(3.1-8)确定的点 $P(x,y,z)$ 都在曲线 C 上；反之，曲线 C 上任意一点的坐标 (x,y,z) 都可由 $t(a\leqslant t\leqslant b)$ 的某个值通过(3.1-8)表示，则(3.1-8)或(3.1-8′)称为**曲线 C 的参数方程**，t 称为**参数**.

例 3.1.6 一质点由 $P_0(a,0,0)$ 起始，一方面绕 z 轴做匀速圆周运动，同时又沿 z 轴方向做匀速直线运动，当转动 θ 角时，沿 z 轴方向的位移值为 $b\theta$，则质点 P 的轨迹称为**圆柱螺旋线**，试求圆柱螺旋线的方程.

解 设质点从 $P_0(a,0,0)$ 起始转动 θ 角时达到点 $P(x,y,z)$ 的位置(图 3.1.2)，点 P 在 xOy 面上的射影为点 N，N 在 x 轴上的射影为 M，则

$$\angle P_0ON=\theta, NP=b\theta,$$

因此有

$$\begin{cases} x=OM=a\cos\theta, \\ y=MN=a\sin\theta, \\ z=NP=b\theta, \end{cases}$$

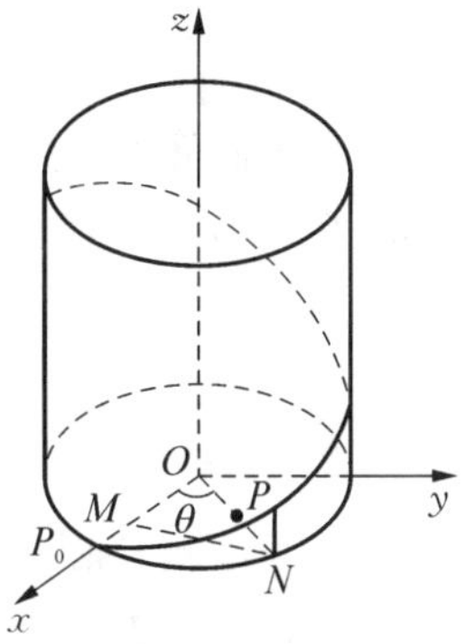

图 3.1.2

所以圆柱螺旋线的参数方程为

$$\begin{cases} x=a\cos\theta, \\ y=a\sin\theta, \\ z=b\theta \end{cases} \quad (-\infty<\theta<+\infty), \tag{3.1-9}$$

(3.1-9)写成向量形式即是

$$\boldsymbol{r}=\boldsymbol{OP}=\{a\cos\theta, a\sin\theta, b\theta\}, \tag{3.1-9'}$$

若曲线 C 可以由它的参数方程(3.1-8)消去参数 t，求得通过它的两个曲面的方程 $F_1(x,y,z)=0$ 与 $F_2(x,y,z)=0$，则曲线 C 的参数方程(3.1-8)可化为一般方程

$$\begin{cases}F_1(x,y,z)=0,\\F_2(x,y,z)=0.\end{cases}$$

例 3.1.7 已知曲线 C 的参数方程为

$$\begin{cases}x=3\cos\theta,\\y=4\cos\theta,\\z=5\sin\theta\end{cases}\quad(0\leqslant\theta\leqslant2\pi),$$

试求 C 的一般方程，并指出 C 为何种曲线.

解 由 C 的参数方程中三式两边平方相加消去 θ，得到通过 C 的一个曲面

$$S_1: x^2+y^2+z^2=25,$$

再由参数方程中前两式消去 θ，得到通过 C 的另一个曲面

$$S_2: 4x-3y=0,$$

曲线 C 可作为 S_1 与 S_2 的交线，因此曲线 C 的一般方程为

$$C:\begin{cases}x^2+y^2+z^2=25,\\4x-3y=0.\end{cases}$$

由于曲面 S_1 为以原点为中心的球面，而 S_2 为过球面中心的平面，因此它们的交线即曲线 C 是在平面 S_2 上以原点为圆心，半径为 5 的一个圆.

习题 3.1

1. 求下列曲面方程：

(1) 一直径的两个端点为(3,4,−4)与(−1,2,0)的球面；

(2) 中心在 y 轴上且通过两点 $P_1(0,2,2)$，$P_2(0,4,0)$ 的球面；

(3) 以 y 轴为轴，半径为 2 的圆柱面.

2. 求下列轨迹方程：

(1) 与 $A(2,-1,2)$，$B(4,1,-2)$ 两点距离相等的点的轨迹；

(2) 到平面 $x+2y-2z+1=0$ 距离等于 1 的点的轨迹；

(3) 到两平面 $x+y-z+1=0$ 与 $x-y+z-1=0$ 距离相等的点的轨迹；

(4) 到两直线 $l_1: \begin{cases} y=0, \\ z=1 \end{cases}$ 与 $l_2: \begin{cases} x=0, \\ z=-1 \end{cases}$ 距离相等的点的轨迹.

3. 在空间选取适当的坐标系，求下列点的轨迹方程：

(1) 到相距为 2 的一定点与一定平面距离之比为 1 的点的轨迹；

(2) 到相距为 2 的一定点与一定直线距离相等的点的轨迹.

4. 求下列参数方程表示的曲面的普通方程：

(1) $\begin{cases} x=u-v, \\ y=u+v, \\ z=2u-v+1; \end{cases}$

(2) $\begin{cases} x=3\cos\theta\cos\varphi, \\ y=4\cos\theta\sin\varphi, \\ z=5\sin\theta. \end{cases}$

5. 将下列曲线的参数方程化为一般方程：

(1) $\begin{cases} x=\cos t, \\ y=\sin t, \\ z=\sin 2t; \end{cases}$

(2) $\begin{cases} x=1-\sin t+\sqrt{3}\cos t, \\ y=1+2\sin t, \\ z=1-\sin t-\sqrt{3}\cos t. \end{cases}$

6. 求圆柱螺旋线 $C: x=\cos t, y=\sin t, z=t$ 与球面 $S: x^2+y^2+z^2=5$ 的交点.

7. 证明圆柱螺旋线 $C: x=a\cos\theta, y=a\sin\theta, z=b\theta$ 在圆柱面 $S: x^2+y^2=a^2$ 上.

3.2　球　　面

定义 3.2.1　在空间与一定点 P_0 距离为定长 r 的点的轨迹称为**球面**.定点 P_0 称为**球面的中心**，定长 r 称为**球面的半径**.

根据上一节的例 3.1.1,我们得到

定理 3.2.1 以点 $P_0(a,b,c)$为中心,半径为 r 的球面方程为

$$(x-a)^2+(y-b)^2+(z-c)^2=r^2, \tag{3.2-1}$$

特别地,中心在原点,半径为 r 的球面方程为

$$x^2+y^2+z^2=r^2. \tag{3.2-2}$$

定理 3.2.2 三元二次方程

$$Ax^2+By^2+Cz^2+Dxy+Eyz+Fxz+ \\ Gx+Hy+Kz+L=0. \tag{3.2-3}$$

表示球面的充要条件是

$$A=B=C\neq 0,\ D=E=F=0. \tag{3.2-4}$$

证 先证球面的方程必是满足(3.2-4)的三元二次方程.事实上,一个中心在 $P_0(a,b,c)$点,半径为 r 的球面的方程为(3.2-1),将它展开得到,

$$x^2+y^2+z^2-2ax-2by-2cz+a^2+b^2+c^2-r^2=0,$$

所以球面的方程是一个三元二次方程,它满足条件(3.2-4),即方程中三个平方项的系数相等,异名坐标乘积项 xy,yz,zx 消失.

反之,一个三元二次方程(3.2-3)若满足条件(3.2-4),则方程可化为

$$x^2+y^2+z^2+2gx+2hy+2kz+l=0, \tag{1}$$

式中 $g=\dfrac{G}{2A},\ h=\dfrac{H}{2A},\ k=\dfrac{K}{2A},\ l=\dfrac{L}{A}$.

再将(1)配方可表示成

$$(x+g)^2+(y+h)^2+(z+k)^2=m, \tag{2}$$

其中 $m=g^2+h^2+k^2-l$.

当 $m>0$ 时,(2)表示中心为$(-g,-h,-k)$,半径为$\sqrt{m}$的球面;

当 $m=0$ 时,(2)表示点$(-g,-h,-k)$,这时称(2)表示**点球面**;

当 $m<0$ 时,(2)不表示任何实图形,这时称(2)表示**虚球面**.

推论 3.2.1 球面方程总可表示成

$$x^2+y^2+z^2+Gx+Hy+Kz+L=0, \tag{3.2-5}$$

方程(3.2-5)称为**球面的一般方程**;方程(3.2-1)称为**球面的标准方程**.

通过球面方程可表示空间圆的方程.

若通过空间圆 C 的一个球面的方程为(3.2-1),通过圆 C 的一个平面的方程为 $Ax+By+Cz+D=0$,则圆 C 的方程可表示为

$$\begin{cases}(x-a)^2+(y-b)^2+(z-c)^2=r^2,\\ Ax+By+Cz+D=0.\end{cases} \tag{3.2-6}$$

圆 C 的圆心是从球面中心 (a,b,c) 向平面所作垂线的垂足，若球面中心到平面的距离为 d，则圆 C 的半径 $R=\sqrt{r^2-d^2}$.

例 3.2.1 求由三个坐标平面与平面 π：$x+y+z=1$ 围成的四面体 $OABC$ 的外接球面 S 的方程，并求 A,B,C 三个顶点的外接圆 Γ 的方程.

解 设四面体 $OABC$ 中顶点 A,B,C 依次为平面 π 与 x 轴，y 轴，z 轴的交点，则有 $A(1,0,0)$，$B(0,1,0)$，$C(0,0,1)$.

设所求球面 S 的方程为

$$x^2+y^2+z^2+Gx+Hy+Kz+L=0$$

由 S 通过点 $O(0,0,0)$，$A(1,0,0)$，$B(0,1,0)$，$C(0,0,1)$ 可得

$$L=0, \tag{3}$$

$$1+G+L=0, \tag{4}$$

$$1+H+L=0, \tag{5}$$

$$1+K+L=0, \tag{6}$$

由(3)，(4)，(5)，(6)解得

$$G=H=K=-1,\ L=0.$$

所以球面 S 的方程为

$$x^2+y^2+z^2-x-y-z=0.$$

因为球面 S 与平面 π 均通过 A、B、C 三点的外接圆 Γ，所以圆 Γ 的方程为

$$\begin{cases}x^2+y^2+z^2-x-y-z=0,\\ x+y+z=1.\end{cases}$$

例 3.2.2 求由点 $A(1,2,2)$ 绕直线 l：$x=y=z$ 旋转生成的圆 C 的方程，并求圆 C 的圆心 M 与半径 R.

解 所求圆 C 在以直线 l 上一点 $O(0,0,0)$ 为中心，OA 长为半径的球面 S 上，因为 $|OA|=3$，所以球面 S 的方程为

$$x^2+y^2+z^2=9.$$

又圆 C 在过点 A 且垂直于直线 l 的平面 π 上，平面 π 的方程为

$$(x-1)+(y-2)+(z-2)=0,$$

即

$$x+y+z-5=0,$$

因此所求圆 C 的方程为

$$\begin{cases}x^2+y^2+z^2=9,\\x+y+z-5=0.\end{cases}$$

将直线 l 的参数方程：$x=t,y=t,z=t$ 代入 π 的方程得

$$3t-5=0,$$

由此得 $t=\frac{5}{3}$，从而得 l 与 π 的交点即圆心 $M\left(\frac{5}{3},\frac{5}{3},\frac{5}{3}\right)$.

球面中心 O 到平面 π 的距离

$$d=\frac{|0+0+0-5|}{\sqrt{3}}=\frac{5}{\sqrt{3}},$$

又圆 C 所在球面 S 的半径 $r=3$，所以圆 C 的半径为

$$R=\sqrt{9-\frac{25}{3}}=\frac{\sqrt{6}}{3}.$$

习题 3.2

1. 求与平面 $x+2y+2z+3=0$ 相切于点 $M(1,1,-3)$ 且半径为 3 的球面方程.

2. 求通过圆 C：$\begin{cases}x^2+y^2=16,\\z=0\end{cases}$ 且通过点 $A(2,-4,2)$ 的球面方程.

3. 求点 $A(3,1,1)$ 绕直线 l：$x-1=y-2=z-3$ 旋转所得的圆的方程.

4. 已知圆 C：$\begin{cases}x^2+y^2+z^2-2x-2y-2z-22=0,\\x+2y+2z-14=0,\end{cases}$ 求圆 C 的圆心与半径.

5. 自球面外一点 M 引球面的割线，试证明它与球面的两个交点到定点 M 的距离之积为常数.

3.3 柱　　面

定义 3.3.1　在空间，一直线沿着定曲线平行于定方向移动所形成的曲面称为**柱面**，其中定曲线称为**柱面的准线**，定方向称为**柱面的方向**，动直线称为

柱面的母线.

从定义可知，柱面是空间一族平行直线构成的曲面.一个柱面由它的准线与母线方向完全确定.但柱面的准线并不是唯一的，柱面上与其全体直母线均相交的曲线都可作为这个柱面的准线.

3.3.1　一般位置下的柱面方程

定理 3.3.1　设柱面 S 的准线为

$$\Gamma:\begin{cases}F_1(x,y,z)=0,\\F_2(x,y,z)=0,\end{cases}$$

母线的方向向量为 $\boldsymbol{v}=\{X,Y,Z\}$，则

1° 柱面 S 的动母线 l 的方程为

$$\frac{x-x_1}{X}=\frac{y-y_1}{Y}=\frac{z-z_1}{Z},\tag{1}$$

其中(x_1,y_1,z_1)为准线 Γ 上任意一点，参数 x_1,y_1,z_1 变动的约束条件为

$$\begin{cases}F_1(x_1,y_1,z_1)=0,\\F_2(x_1,y_1,z_1)=0;\end{cases}\tag{2}$$

2° 由(1),(2)消去参数 x_1,y_1,z_1 所得的方程

$$F(x,y,z)=0$$

为柱面 S 的方程.

证　如图 3.3.1，设 $P_1(x_1,y_1,z_1)$为准线 Γ 上任意一点，则过点 $P_1(x_1,y_1,z_1)$平行于定方向 $\boldsymbol{v}=\{X,Y,Z\}$ 的母线 l 的方程为(1).因为 $P_1(x_1,y_1,z_1)$在准线 Γ 上，所以 x_1,y_1,z_1 满足(2)，即(2)为参数 x_1,y_1,z_1 变动的约束条件.当 $P_1(x_1,y_1,z_1)$沿准线 Γ 变动时，(1)表示形成柱面 S 的动母线.故由(1),(2)消去参数 x_1,y_1,z_1 便得柱面 S 的方程 $F(x,y,z)=0$.

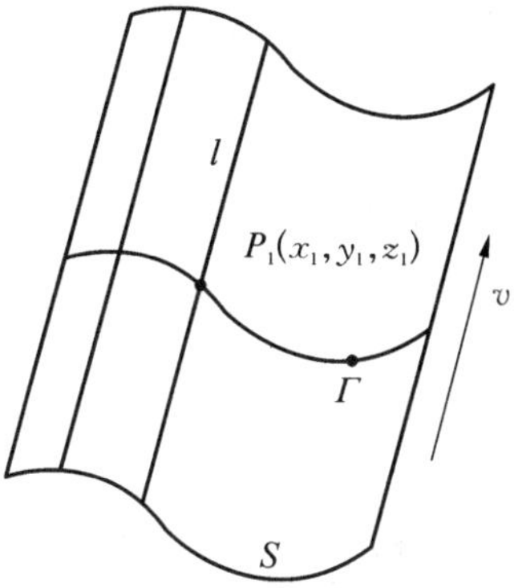

图 3.3.1

根据定理 3.3.1，柱面 S 的方程的一般求法为：

(i) 先写出过准线 Γ 上任一点 $P_1(x_1,y_1,z_1)$的母线 l 的方程(1)，并写出其中参数 x_1,y_1,z_1 应满足的约束条件(2)；

(ii) 由(1),(2)消去参数 x_1,y_1,z_1,即得柱面 S 的方程 $F(x,y,z)=0$.

为了消去参数 x_1,y_1,z_1,一般地,可设(1)中的公比值为 t,即令

$$\frac{x-x_1}{X}=\frac{y-y_1}{Y}=\frac{z-z_1}{Z}=t,$$

由此得

$$x_1=x-Xt,\ y_1=y-Yt,\ z_1=z-Zt. \tag{3}$$

将(3)代入(2)得

$$\begin{cases}F_1(x-Xt,y-Yt,\ z-Zt)=0,\\F_2(x-Xt,y-Yt,\ z-Zt)=0.\end{cases} \tag{4}$$

再由(4)消去参数 t,得柱面 S 的方程 $F(x,y,z)=0$.

当(1)与(2)比较简单时,也可不必引入参数 t,而由(1),(2)直接消去 x_1, y_1,z_1 得柱面方程.

例 3.3.1 设柱面 S 的准线为

$$\Gamma:\begin{cases}x^2+y^2+z^2=1,\\x+y+z=1,\end{cases}$$

母线的方向向量为 $\boldsymbol{v}=\{1,1,1\}$,求柱面 S 的方程.

解 过准线 Γ 上任一点 $P_1(x_1,y_1,z_1)$的母线 l 的方程为

$$\frac{x-x_1}{1}=\frac{y-y_1}{1}=\frac{z-z_1}{1}, \tag{5}$$

其中 x_1,y_1,z_1 满足

$$\begin{cases}x_1^2+y_1^2+z_1^2=1,\\x_1+y_1+z_1=1.\end{cases} \tag{6}$$

为了消去参数 x_1,y_1,z_1,令

$$\frac{x-x_1}{1}=\frac{y-y_1}{1}=\frac{z-z_1}{1}=t,$$

由此得

$$x_1=x-t,\ y_1=y-t,\ z_1=z-t. \tag{7}$$

将(7)代入(6),得

$$\begin{cases}(x-t)^2+(y-t)^2+(z-t)^2=1,\\x+y+z-3t=1,\end{cases} \tag{8}$$

由(8)消去 t,再化简整理得所求柱面 S 的方程为

$$x^2+y^2+z^2-xy-yz-zx-1=0.$$

本例也可以不引入参数 t，而由(5)，(6)直接消去参数 x_1, y_1, z_1 得到所求柱面 S 的方程，留给读者作为练习.

3.3.2 母线平行于坐标轴的柱面方程

定理 3.3.2 设柱面 S 的母线平行于 z 轴，准线是 xOy 坐标面上的曲线

$$\Gamma:\begin{cases}F(x,y)=0,\\ z=0,\end{cases}$$

则柱面 S 的方程为

$$F(x,y)=0.$$

证 过准线 Γ 上任意一点 $P_1(x_1,y_1,z_1)$ 且平行于 z 轴的母线 l 的方程为

$$\frac{x-x_1}{0}=\frac{y-y_1}{0}=\frac{z-z_1}{1}, \tag{9}$$

且有

$$\begin{cases}F(x_1,y_1)=0,\\ z_1=0,\end{cases} \tag{10}$$

为了消去参数 x_1, y_1, z_1，令

$$\frac{x-x_1}{0}=\frac{y-y_1}{0}=\frac{z-z_1}{1}=t,$$

由此得

$$x_1=x,\ y_1=y,\ z_1=z-t, \tag{11}$$

将(11)代入(10)得

$$\begin{cases}F(x,y)=0,\\ z=t.\end{cases} \tag{12}$$

由于参数 t 可取任意实数，由(12)即得柱面 S 的方程为

$$F(x,y)=0.$$

同理可知：

母线平行于 x 轴，准线为

$$\begin{cases}F(y,z)=0,\\ x=0\end{cases}$$

的柱面方程为 $F(y,z)=0$;母线平行于 y 轴,准线为

$$\begin{cases}F(x,z)=0,\\ y=0\end{cases}$$

的柱面方程为 $F(x,z)=0$.

推论 3.3.1 在空间直角坐标系下,方程

$$F(x,y)=0,$$
$$F(y,z)=0,$$
$$F(x,z)=0$$

分别表示母线平行于 z 轴,x 轴,y 轴的柱面.

下面我们列出母线平行于 z 轴,方程均为三个二次的柱面方程:

$$\frac{x^2}{a^2}+\frac{y^2}{b^2}=1, \tag{3.3-1}$$

$$\frac{x^2}{a^2}-\frac{y^2}{b^2}=1, \tag{3.3-2}$$

$$y^2=2px. \tag{3.3-3}$$

这三个柱面在 xOy 坐标面上的准线分别是椭圆,双曲线,抛物线,它们分别称为**椭圆柱面**,**双曲柱面**,**抛物柱面**,并统称为**二次柱面**.它们的图形分别如图 3.3.2,图 3.3.3,图 3.3.4 所示.

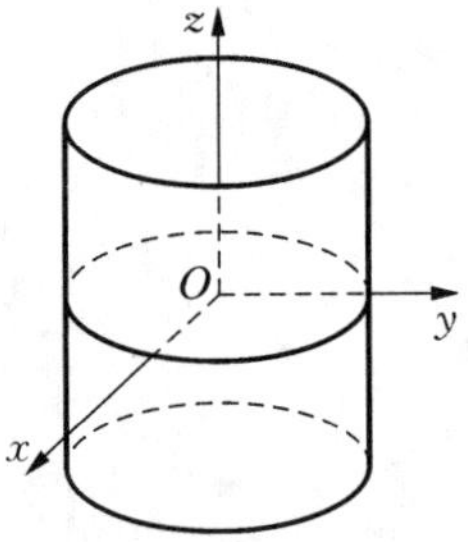

图 3.3.2

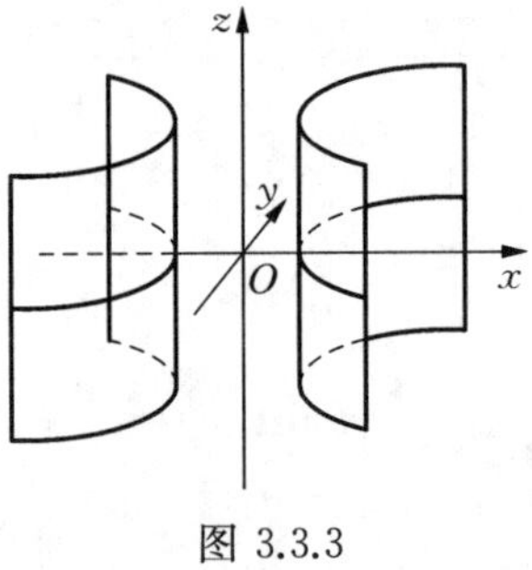

图 3.3.3

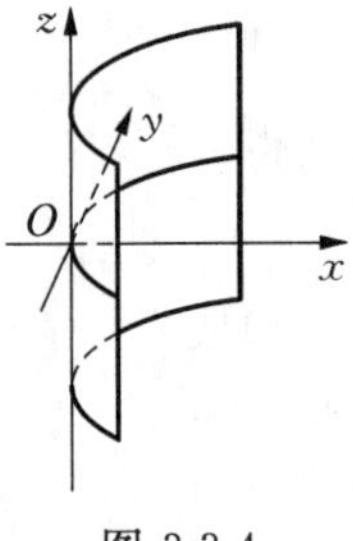

图 3.3.4

3.3.3 空间曲线的射影柱面

定义 3.3.2 以空间曲线 C 为准线,垂直于定平面 π 的方向为母线方向的柱面称为曲线 C 对平面 π 的**射影柱面**,这个柱面与平面 π 的交线称为曲线 C 在平面 π 上的**射影**,或称为**射影曲线**.

下面我们讨论空间曲线对三个坐标面的射影柱面，以及空间曲线在坐标面上的射影.

定理 3.3.3　设空间曲线 C 的方程为

$$\begin{cases}F_1(x,y,z)=0,\\F_2(x,y,z)=0,\end{cases}\tag{13}$$

则由(13)中两方程消去变量 z 所得的方程

$$F(x,y)=0\tag{14}$$

为曲线 C 对 xOy 坐标面的射影柱面的方程，且曲线 C 在 xOy 面上的射影曲线的方程为

$$\begin{cases}F(x,y)=0,\\z=0.\end{cases}\tag{15}$$

证　因为方程(14)由曲线 C 的方程(13)中两个方程消去变量 z 得到，故方程(14)所表示的曲面通过曲线 C.又根据推论3.3.1，方程(14)表示母线平行于 z 轴的柱面，所以方程(14)是曲线 C 对 xOy 面的射影柱面的方程，从而方程(15)为曲线 C 在 xOy 面上的射影曲线的方程.

同理可知：

由方程组(13)分别消去变量 x,y 所得到的方程

$$G(y,z)=0,\tag{16}$$

$$H(x,z)=0,\tag{17}$$

依次为曲线 C 对 yOz 面与 zOx 面的射影柱面的方程.

曲线 C 对三个坐标面的三个射影柱面(14)，(16)，(17)总有两个相异.如果(14)，(16)相异，则曲线 C 可作为射影柱面(14)，(16)的交线，从而曲线 C 的方程可表示为

$$C:\begin{cases}F(x,y)=0,\\G(y,z)=0.\end{cases}$$

这种由曲线对两个坐标面的射影柱面方程联立表示的曲线方程称为曲线的**射影式方程**.曲线的射影式方程是特殊形式的一般方程.由于射影式方程比较简单，它有助于我们认识空间曲线的形状.

例 3.3.2　已知曲线

$$C:\begin{cases}2x^2+z^2+4y-4z=0,\\x^2+3z^2-8y-12z=0,\end{cases}$$

求曲线 C 对三坐标面的射影柱面及三坐标面上的射影曲线,并写出曲线 C 的射影式方程.

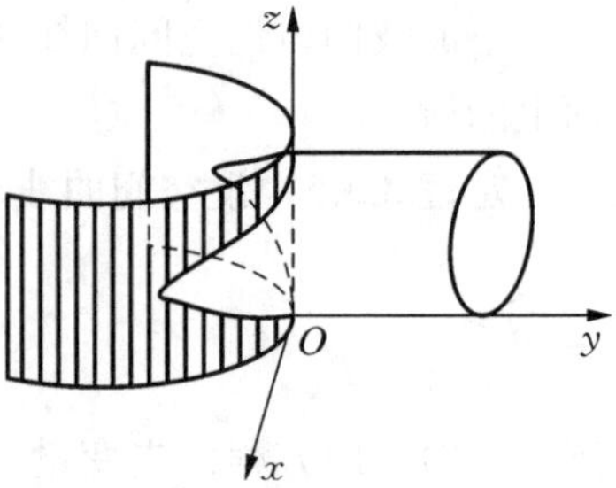

图 3.3.5

解 从已知曲线 C 的方程中分别消去 z, x, y 并化简整理,即可得曲线 C 对 xOy 面, yOz 面, xOz 面的射影柱面分别为

$$x^2=-4y,$$
$$(z-2)^2=4(y+1),$$
$$x^2+(z-2)^2=4.$$

由此可见,前两个射影柱面为抛物柱面,最后一个射影柱面为圆柱面.注意到曲线 C 在圆柱面上,我们可知 C 上的点的坐标 x 与 z 满足: $|x|\leqslant 2$, $|z-2|\leqslant 2$,因而曲线 C 在相应的三个坐标面上的射影曲线分别为

$$\begin{cases}x^2=-4y,\\ z=0\end{cases}\quad(-2\leqslant x\leqslant 2);$$

$$\begin{cases}(z-2)^2=4(y+1),\\ x=0\end{cases}\quad(0\leqslant z\leqslant 4);$$

$$\begin{cases}x^2+(z-2)^2=4,\\ y=0.\end{cases}$$

这表明前两个射影是抛物线段,后一个射影是圆.

曲线 C 的射影式方程可取为

$$C:\begin{cases}x^2=-4y,\\ x^2+(z-2)^2=4.\end{cases}$$

曲线 C 作为上述两个射影柱面即抛物柱面与圆柱面的交线,其图形如图3.3.5所示.

习题 3.3

1. 已知柱面的准线为

$$\begin{cases}x^2+yz-2=0,\\ x=1,\end{cases}$$

母线平行于 x 轴,试求这个柱面的方程.

2. 已知柱面的准线为

$$\begin{cases}x^2+y^2+z^2=1,\\x+y+z=0,\end{cases}$$

母线垂直于准线所在的平面,试求这个柱面的方程.

3. 已知圆柱面的轴为 $x=y=z$,且(1,1,0)为圆柱面上一点,试求这个圆柱面的方程.

4. 证明:以 l: $\dfrac{x}{\lambda}=\dfrac{y}{\mu}=\dfrac{z}{\gamma}$ 为轴,半径为 a 的圆柱面的方程可表为

$$(\lambda^2+\mu^2+\gamma^2)(x^2+y^2+z^2-a^2)=(\lambda x+\mu y+\gamma z)^2.$$

5. 求曲线

$$\begin{cases}x^2+y^2=z,\\x-z-1=0,\end{cases}$$

对三个坐标面的射影柱面,并指出它们是何种曲面?

6. 已知曲线

$$C:\begin{cases}x^2+y-z-1=0,\\x^2-y-z+1=0.\end{cases}$$

(1) 求曲线 C 在 xOy 面与 xOz 面上的射影曲线,并指出它们为何种曲线?

(2) 求曲线 C 的射影式方程,并由此说明曲线 C 为何种曲线?

3.4 锥面

定义 3.4.1 在空间,一直线通过一定点且沿着定曲线移动所形成的曲面称为**锥面**,其中定点称为**锥面的顶点**,定曲线称为**锥面的准线**,动直线称为**锥面的母线**.

从定义可知,锥面是空间一族共点的直线构成的曲面.一个锥面由它的顶点与准线完全确定.锥面的准线也不是唯一的,锥面上与其全体直母线均相交的曲线都可作为这个锥面的准线.

定理 3.4.1 设锥面 S 的顶点为 $P_0(x_0,y_0,z_0)$,准线为

$$\Gamma:\begin{cases}F_1(x,y,z)=0,\\F_2(x,y,z)=0,\end{cases}$$

则有

1° 锥面 S 的动母线 l 的方程为

$$\frac{x-x_0}{x_1-x_0}=\frac{y-y_0}{y_1-y_0}=\frac{z-z_0}{z_1-z_0}, \tag{1}$$

其中(x_1,y_1,z_1)为准线 Γ 上任意一点,参数 x_1,y_1,z_1 变动的约束条件为

$$\begin{cases}F_1(x_1,y_1,z_1)=0,\\F_2(x_1,y_1,z_1)=0;\end{cases} \tag{2}$$

2° 由(1),(2)消去参数 x_1,y_1,z_1 所得的方程

$$F(x,y,z)=0$$

为锥面 S 的方程.

证 如图 3.4.1,设 $P_1(x_1,y_1,z_1)$为准线 Γ 上任意一点,则过点 $P_1(x_1,y_1,z_1)$的母线 l 就是直线 P_0P_1,它的方程为(1).因为 $P_1(x_1,y_1,z_1)$在准线 Γ 上,所以 x_1,y_1,z_1 满足(2),即(2)为参数 x_1,y_1,z_1 变动的约束条件.当 $P_1(x_1,y_1,z_1)$沿准线 Γ 变动时,(1)表示形成锥面 S 的动母线.故由(1),(2)消去参数 x_1,y_1,z_1 所得的方程 $F(x,y,z)=0$ 就是锥面 S 的方程.

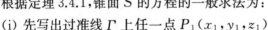

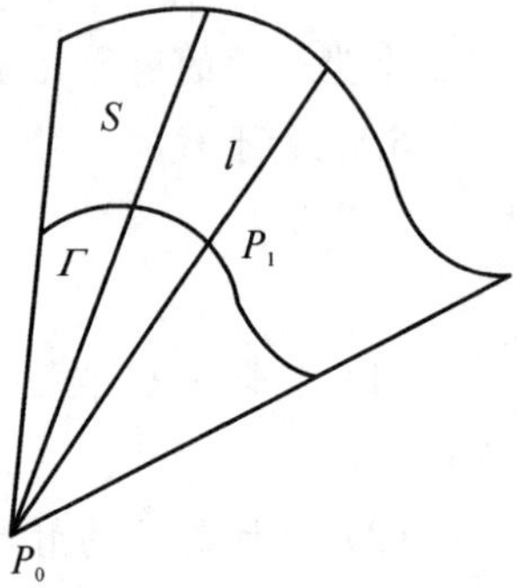

图 3.4.1

根据定理 3.4.1,锥面 S 的方程的一般求法为:

(i) 先写出过准线 Γ 上任一点 $P_1(x_1,y_1,z_1)$的母线 l 的方程(1),并写出其中参数 x_1,y_1,z_1 应满足的约束条件(2);

(ii) 由(1),(2)消去参数 x_1,y_1,z_1,即得锥面 S 的方程.

为了消去参数 x_1,y_1,z_1,一般地,可设(1)中的公比值为$\frac{1}{t}$,即令

$$\frac{x-x_0}{x_1-x_0}=\frac{y-y_0}{y_1-y_0}=\frac{z-z_0}{z_1-z_0}=\frac{1}{t},$$

由此得

$$\begin{cases}x_1=x_0+(x-x_0)t,\\y_1=y_0+(y-y_0)t,\\z_1=z_0+(z-z_0)t,\end{cases} \tag{3}$$

将(3)代入(2)得

$$\begin{cases}F_1(x_0+(x-x_0)t,\ y_0+(y-y_0)t,\ z_0+(z-z_0)t)=0,\\ F_2(x_0+(x-x_0)t,\ y_0+(y-y_0)t,\ z_0+(z-z_0)t)=0,\end{cases}\tag{4}$$

再由(4)消去参数 t,即可得锥面 S 的方程

$$F(x,y,z)=0.$$

当(1),(2)比较简单时,也可不必引入参数 t,而可由(1),(2)直接消去参数 x_1,y_1,z_1 得到锥面的方程.

例 3.4.1 已知锥面 S 的顶点为原点 O,准线为

$$\Gamma:\begin{cases}x^2+y^2+z^2=9,\\ x+y+z=3,\end{cases}$$

试求锥面 S 的方程.

解 过准线 Γ 上任一点 $P_1(x_1,y_1,z_1)$的母线 l 的方程为

$$\frac{x}{x_1}=\frac{y}{y_1}=\frac{z}{z_1},\tag{5}$$

其中 x_1,y_1,z_1 满足:

$$\begin{cases}x_1^2+y_1^2+z_1^2=9,\\ x_1+y_1+z_1=3.\end{cases}\tag{6}$$

为了消去参数 x_1,y_1,z_1,令

$$\frac{x}{x_1}=\frac{y}{y_1}=\frac{z}{z_1}=\frac{1}{t},$$

由此得

$$x_1=xt,\ y_1=yt,\ z_1=zt.\tag{7}$$

将(7)代入(6)得

$$\begin{cases}(x^2+y^2+z^2)t^2=9,\\ (x+y+z)t=3,\end{cases}\tag{8}$$

由(8)消去 t,化简整理得所求锥面 S 的方程为

$$xy+yz+xz=0.$$

例 3.4.2 证明:若锥面 S 的顶点为原点,准线为

$$\Gamma:\begin{cases}\dfrac{x^2}{a^2}+\dfrac{y^2}{b^2}=1,\\ z=c,\end{cases}$$

则锥面 S 的方程为

$$\frac{x^2}{a^2}+\frac{y^2}{b^2}-\frac{z^2}{c^2}=0. \tag{3.4-1}$$

锥面(3.4 - 1)称为**二次锥面**.

证 过准线 Γ 上任一点 $P_1(x_1,y_1,z_1)$ 的母线 l 的方程为

$$\frac{x}{x_1}=\frac{y}{y_1}=\frac{z}{z_1}, \tag{9}$$

其中 x_1,y_1,z_1 满足：

$$\begin{cases}\dfrac{x_1^2}{a^2}+\dfrac{y_1^2}{b^2}=1, & (10)\\ z_1=c. & (11)\end{cases}$$

为了消去参数 x_1,y_1,z_1，由(9)与(11)可解得

$$x_1=\frac{cx}{z},\ y_1=\frac{cy}{z}. \tag{12}$$

将(12)代入(10)，整理后即得锥面 S 的方程

$$\frac{x^2}{a^2}+\frac{y^2}{b^2}-\frac{z^2}{c^2}=0.$$

下面介绍关于锥面方程的一个判定定理.为此，先定义齐次方程.

若函数 $F(x,y,z)$ 对任意实数 t 满足：

$$F(tx,ty,tz)=t^nF(x,y,z),$$

则称函数 $F(x,y,z)$ 为关于 x,y,z 的 n 次齐次函数，这时方程 $F(x,y,z)=0$ 称为关于 x,y,z 的 n 次齐次方程.

定理 3.4.2 若曲面 S 的方程 $F(x,y,z)=0$ 是一个关于 x,y,z 的齐次方程，则曲面 S 是一个以原点为顶点的锥面.

证 因为 $F(x,y,z)=0$ 为齐次方程，据定义有

$$F(tx,ty,tz)=t^nF(x,y,z).$$

取 $t=0$ 得

$$F(0,0,0)=0,$$

这表示曲面 S 通过原点.

再设 $P_1(x_1,y_1,z_1)$ 为曲面 S 上异于原点的任意一点，则有

$$F(x_1,y_1,z_1)=0,$$

且直线 OP_1 的参数方程为

$$\begin{cases}x=x_1t,\\y=y_1t,\\z=z_1t,\end{cases}$$

将其代入 $F(x,y,z)$，得

$$F(x_1t,y_1t,z_1t)=t^nF(x_1,y_1,z_1)=0.$$

这表明直线 OP_1 上所有的点 (x_1t,y_1t,z_1t) 都在曲面 S 上，即直线 OP_1 在曲面 S 上.又因为点 P_1 在曲面 S 上的任意性，所以曲面 S 是由这些通过原点的直线构成.这表明曲面 S 是以原点为顶点的锥面.

推论 3.4.1 若方程 $F(x-x_0,y-y_0,z-z_0)=0$ 是一个关于 $x-x_0,y-y_0,z-z_0$ 的齐次方程，则这个方程所表示的曲面 S 是以 (x_0,y_0,z_0) 为顶点的锥面.

应用习题 1.19 第 13 题的公式，读者容易自证这个推论.

例 3 证明曲面 S：$x^2+2y^2-z^2-4y-2z+1=0$ 是一个锥面.

证 曲面 S 的原方程通过配方可改写为

$$x^2+2(y-1)^2-(z+1)^2=0,$$

因为这个方程为关于 $x,y-1,z+1$ 的二次齐次方程，所以根据推论 3.4.1，曲面 S 是以 $(0,1,-1)$ 为顶点的一个二次锥面.

习题 3.4

1. 求以原点为顶点，准线为

$$\begin{cases}x^2-2z+1=0,\\y-z+1=0\end{cases}$$

的锥面方程.

2. 求以 $A(1,0,1)$ 为顶点，准线为

$$\begin{cases}(x-1)^2+y^2+(z-1)^2=9,\\x+y-z=1\end{cases}$$

的锥面方程.

3. 求顶点为 $(1,2,4)$，轴与平面 $2x+2y+z=0$ 垂直，且经过点 $(3,2,1)$ 的圆锥面方程.

4. 证明：顶点为原点，轴为$\frac{x}{\lambda}=\frac{y}{\mu}=\frac{z}{\gamma}$，母线与轴成$\alpha$角的圆锥面$S$的方程为

$$(\lambda x+\mu y+\gamma z)^2=\cos^2\alpha(\lambda^2+\mu^2+\gamma^2)(x^2+y^2+z^2).$$

3.5 旋转曲面

定义 3.5.1 在空间，一条曲线Γ绕定曲线l旋转一周所形成的曲面称为**旋转曲面**.曲线Γ称为**旋转曲面的母线**，定直线l称为**旋转曲面的旋转轴**，简称为**轴**.以轴l为边界的半平面与曲面的交线称为**经线**，垂直于轴l的平面与曲面的交线称为**纬线**或**纬圆**.

由定义可知，若给定母线和轴，则旋转曲面就完全确定.显然，对于母线Γ上任一点P_1，在旋转过程中形成一个圆，这就是过点P_1的纬圆C(图 3.5.1).当P_1沿母线Γ移动时，纬圆C随着变动.因此，任何一个旋转曲面都可以看作是由它的一族纬圆所构成的曲面.旋转曲面的每一条经线都可以作为它的母线，但母线不一定是它的经线.

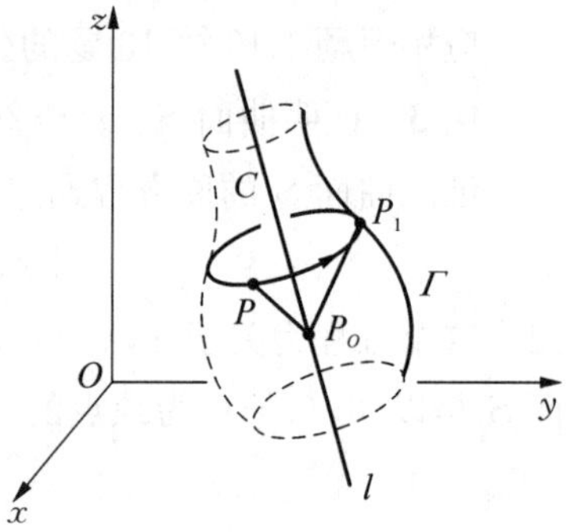

图 3.5.1

3.5.1 一般位置的旋转曲面方程

定理 3.5.1 设一旋转曲面S的母线为

$$\Gamma:\begin{cases}F_1(x,y,z)=0,\\F_2(x,y,z)=0,\end{cases}$$

旋转轴为直线

$$l:\frac{x-x_0}{X}=\frac{y-y_0}{Y}=\frac{z-z_0}{Z},$$

则有：

1° 旋转曲面S的动纬圆C的方程为

$$\begin{cases}(x-x_0)^2+(y-y_0)^2+(z-z_0)^2\\ \qquad =(x_1-x_0)^2+(y_1-y_0)^2+(z_1-z_0)^2, \\ X(x-x_1)+Y(y-y_1)+Z(z-z_1)=0,\end{cases} \tag{1}$$

其中(x_1,y_1,z_1)为准线Γ上任意一点，参数x_1,y_1,z_1变动的约束条件为

$$\begin{cases}F_1(x_1,y_1,z_1)=0,\\ F_2(x_1,y_1,z_1)=0;\end{cases} \tag{2}$$

2° 由(1),(2)消去参数x_1,y_1,z_1所得的方程

$$F(x,y,z)=0$$

为旋转曲面S的方程.

证　设$P_1(x_1,y_1,z_1)$为准线Γ上任意一点(图 3.5－1)，则过点P_1的纬圆C总可以看作为以轴l上的定点$P_0(x_0,y_0,z_0)$为中心，$|\boldsymbol{P_0P_1}|$为半径的球面与过P_1且垂直于轴l的平面的交线，所以纬圆C的方程为(1).因为$P_1(x_1,y_1,z_1)$在准线Γ上，所以x_1,y_1,z_1满足(2)，即(2)为参数x_1,y_1,z_1变动的约束条件.当$P_1(x_1,y_1,z_1)$沿准Γ变动时，(1)表示形成旋转面的动纬圆.故由(1)与(2)消去参数x_1,y_1,z_1所得的方程$F(x,y,z)=0$就是旋转曲面S的方程.

根据定理 3.5.1，旋转曲面S的方程的一般求法为：

(i) 先写出过准线Γ上任一点$P_1(x_1,y_1,z_1)$的纬圆C的方程(1)，并写出其中参数x_1,y_1,z_1应满足的约束条件(2)；

(ii) 由(1),(2)消去参数x_1,y_1,z_1即得旋转曲面S的方程.

例 3.5.1　求直线$\dfrac{x}{2}=\dfrac{y}{1}=\dfrac{z-1}{0}$绕直线$x=y=z$旋转所得的旋转曲面的方程.

解　设$P_1(x_1,y_1,z_1)$为母线上任意一点，因为旋转轴通过原点，且轴的方向向量$\boldsymbol{v}=\{1,1,1\}$，所以过P_1的纬圆C的方程为

$$\begin{cases}x^2+y^2+z^2=x_1^2+y_1^2+z_1^2, & (3)\\ (x-x_1)+(y-y_1)+(z-z_1)=0, & (4)\end{cases}$$

其中x_1,y_1,z_1满足

$$\frac{x_1}{2}=\frac{y_1}{1}=\frac{z_1-1}{0},$$

即

$$\begin{cases}x_1=2y_1, & (5)\\ z_1=1, & (6)\end{cases}$$

由(4),(5),(6)解得

$$\begin{cases}x_1=\dfrac{2}{3}(x+y+z-1),\\ y_1=\dfrac{1}{3}(x+y+z-1),\\ z_1=1,\end{cases} \tag{7}$$

用(7)代入(3),得

$$x^2+y^2+z^2=\frac{4}{9}(x+y+z-1)^2+\frac{1}{9}(x+y+z-1)^2+1.$$

将上式化简,得

$$2(x^2+y^2+z^2)-5(xy+yz+zx)+5(x+y+z)-7=0.$$

这就是所求的旋转曲面的方程.

3.5.2 特殊位置的旋转曲面方程

我们知道,任何一个旋转曲面,总可以由它的一条经线作为母线绕轴旋转而产生.因此,我们总可以选择坐标系使得它的旋转轴为一坐标轴,它的作为母线的经线成为坐标平面上的曲线.在这样的坐标系下,旋转曲面的轴与母线的方程比较简单,从而旋转曲面的方程也比较简单.

下面我们讨论母线为坐标面上的曲线,旋转轴为坐标轴的旋转曲面的方程.

定理 3.5.2 设旋转曲面 S 的母线为 yOz 坐标面上的曲线

$$\Gamma:\begin{cases}F(y,z)=0,\\ x=0,\end{cases}$$

S 的旋转轴为 z 轴,则旋转曲面 S 的方程为

$$F(\pm\sqrt{x^2+y^2},z)=0. \qquad (3.5-1)$$

证 设 $P_1(x_1,y_1,z_1)$ 为准线 Γ 上任意一点(图 3.5.2),因为 S 的旋转轴即 z 轴通过原点 O,且方向向量 $\boldsymbol{v}=\{0,0,1\}$,所以过 P_1 点的纬圆 C 的方程为

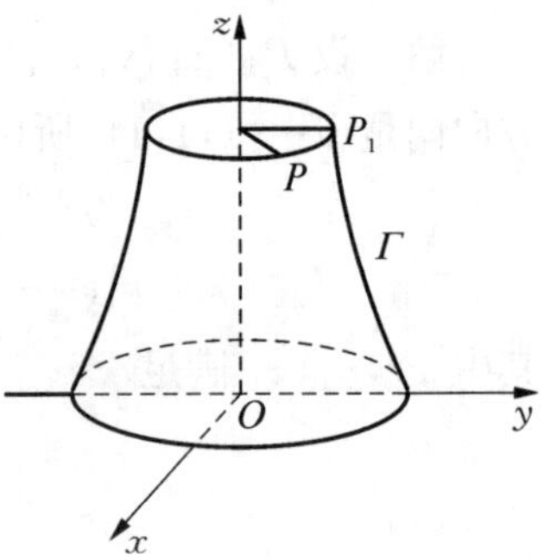

图 3.5.2

$$\begin{cases}x^2+y^2+z^2=x_1^2+y_1^2+z_1^2,\\ z-z_1=0,\end{cases}\tag{8}$$

其中 x_1,y_1,z_1 满足

$$\begin{cases}F(y_1,z_1)=0,\\ x_1=0,\end{cases}\tag{9}$$

由(8),(9)消去参数 x_1,y_1,z_1,得旋转曲面 S 的方程为

$$F(\pm\sqrt{x^2+y^2},z)=0.$$

如果我们把旋转轴改为 y 轴,则旋转曲面的方程是

$$F(y,\pm\sqrt{x^2+z^2})=0.$$

由此看出,为了得到 yOz 坐标面上曲线 Γ 绕 z 轴或 y 轴旋转所得的旋转曲面的方程,只要在 Γ 的方程 $F(y,z)=0$ 中,保留与旋转轴同名的坐标,而以其他两个坐标平方和的平方根来代替另一个坐标.

用同样的方法我们可以证明,对于其他坐标面上的曲线绕坐标轴旋转所产生的旋转曲面方程也有类似的规律,于是我们有

推论 3.5.1 设由坐标平面上的曲线 Γ 绕此坐标面内的某一坐标轴旋转所产生的旋转曲面为 S,则 S 的方程可如下确定:将曲线 Γ 在坐标面上的方程保留与旋转轴同名的坐标,并以其他两个坐标的平方和的平方根替代另一个坐标.

例 3.5.2 将坐标面 yOz 上圆

$$\begin{cases}(y-R)^2+z^2=r^2,\\ x=0\end{cases}\quad(R>r>0),$$

绕 z 轴旋转一周,求所得的旋转曲面的方程.

解 由题意,所求旋转曲面的母线在 yOz 坐标面上,旋转轴为 z 轴,同名坐标就是 z.根据推论 3.5.1,在方程 $(y-R)^2+z^2=r^2$ 中保留 z 不变,用 $\pm\sqrt{x^2+y^2}$ 代替另一个坐标 y,便得所求的旋转曲面的方程为

$$(\pm\sqrt{x^2+y^2}-R)^2+z^2=r^2,$$

即

$$x^2+y^2+z^2+R^2-r^2=\pm 2R\sqrt{x^2+y^2}$$

或

$$(x^2+y^2+z^2+R^2-r^2)^2=4R^2(x^2+y^2).$$

这个曲面称为**圆环面**(图 3.5.3).

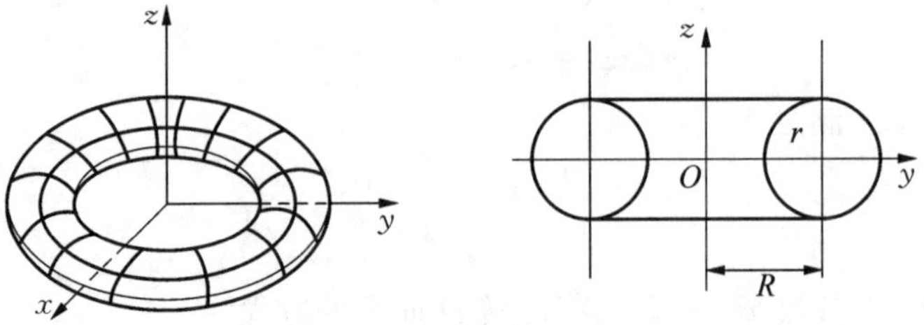

图 3.5.3

我们看到,以坐标轴为旋转轴的旋转曲面的方程中,有两个变量的平方项系数相等,即它们以平方和的形式结合在一起出现,反过来,我们有下面可以用来判断旋转曲面的定理.

定理 3.5.3 在空间直角坐标系中,形如

$$F(x^2+y^2,z)=0,$$
$$F(x,y^2+z^2)=0,$$
$$F(x^2+z^2,y)=0$$

的方程依次表示以 z 轴,x 轴,y 轴为旋转轴的旋转曲面.

证 方程 $F(x^2+y^2,z)=0$ 表示的曲面与 zOx 坐标面的交线为

$$\Gamma:\begin{cases}F(x^2+y^2,z)=0,\\ y=0,\end{cases}$$

即

$$\Gamma:\begin{cases}F(x^2,z)=0,\\ y=0.\end{cases}$$

考虑以曲线 Γ 为母线,以 z 轴为旋转轴的旋转曲面,根据推论3.5.1,这个旋转曲面的方程为

$$F(x^2+y^2,z)=0.$$

因此,方程 $F(x^2+y^2,z)=0$ 表示以 Γ 为母线,以 z 轴为旋转轴的旋转曲面.

其余情形,完全可以类似地证明.

3.5.3 二次旋转曲面

在空间直角坐标系中,二次方程表示的旋转曲面称为是**二次旋转曲面**.下面我们列出所有的二次旋转曲面.

1. 旋转椭球面

由椭圆绕它的对称轴旋转一周得到的曲面称为**旋转椭球面**.

假定椭圆位于 yOz 坐标平面上,它的方程为

$$\begin{cases}\dfrac{y^2}{b^2}+\dfrac{z^2}{c^2}=1,\\ x=0.\end{cases}\tag{10}$$

在方程$\dfrac{y^2}{b^2}+\dfrac{z^2}{c^2}=1$ 中,保留坐标 z 不变,用$\pm\sqrt{x^2+y^2}$ 替代 y,我们得到椭圆(10)绕 z 轴旋转而成的旋转椭球面的方程

$$\frac{x^2}{b^2}+\frac{y^2}{b^2}+\frac{z^2}{c^2}=1.\tag{3.5-2}$$

当 $b>c$ 时,曲面(3.5-2)以椭圆(10)的短轴为旋转轴,称为**扁旋转椭球面**(图 3.5.4),它的形状是扁平的.

当 $b<c$ 时,曲面(3.5-2)以椭圆(10)的长轴为旋转轴,称为**长旋转椭球面**(图 3.5.5).

当 $b=c$ 时,曲面(3.5-2)即为球面.

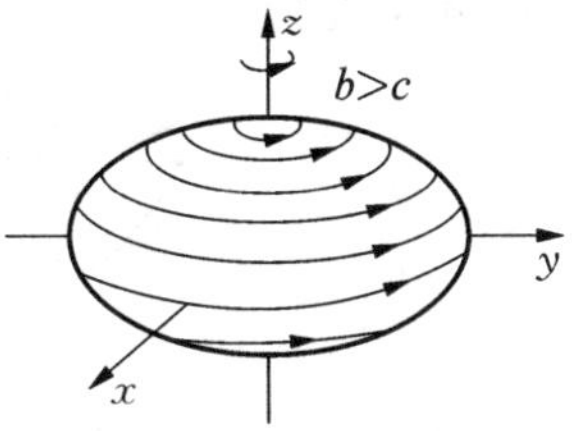

图 3.5.4

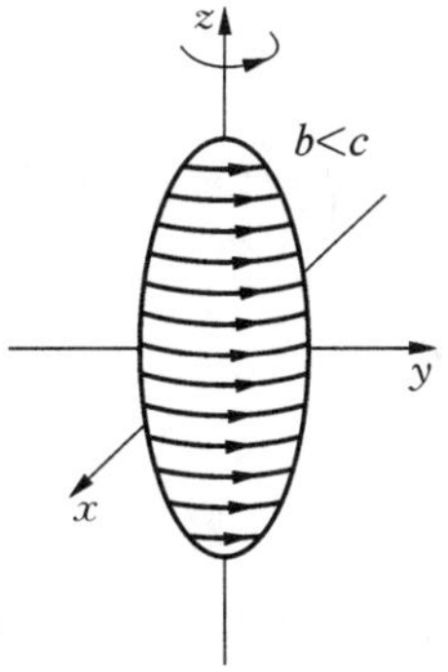

图 3.5.5

2. 旋转双曲面

双曲线绕它的对称轴旋转产生的曲面称为**旋转双曲面**.

设双曲线位于坐标面 yOz 上,它的方程为

$$\begin{cases}\dfrac{y^2}{b^2}-\dfrac{z^2}{c^2}=1,\\ x=0.\end{cases}$$

若以它的虚轴即 z 轴为旋转轴，则所得的旋转曲面的方程为

$$\frac{x^2}{b^2}+\frac{y^2}{b^2}-\frac{z^2}{c^2}=1; \tag{3.5 - 3}$$

若以它的实轴即 y 轴为旋转轴，则所得的旋转曲面的方程为

$$-\frac{x^2}{c^2}+\frac{y^2}{b^2}-\frac{z^2}{c^2}=1. \tag{3.5 - 4}$$

曲面(3.5 - 3)称为**单叶旋转双曲面**(图 3.5.6).曲面(3.5 - 4)称为**双叶旋转双曲面**(图 3.5.7).

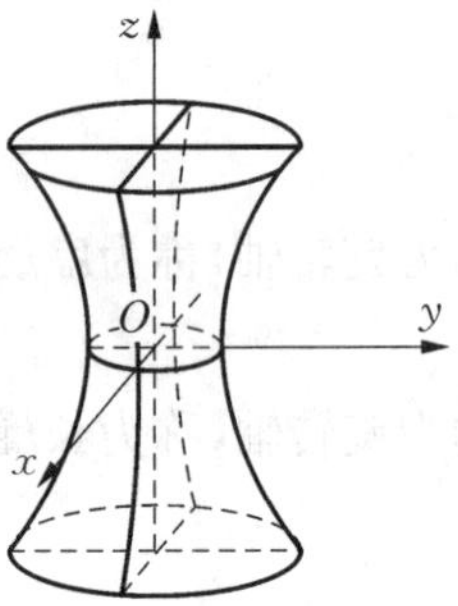

图 3.5.6

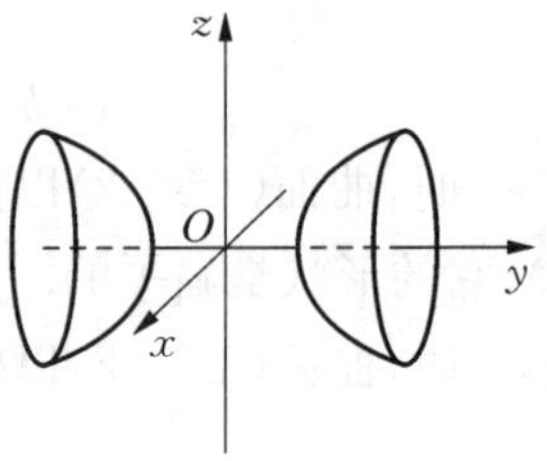

图 3.5.7

3. 旋转抛物面

抛物线绕它的对称轴旋转而成的曲面称为**旋转抛物面**.

将抛物线

$$\begin{cases} y^2=2pz, \\ x=0, \end{cases}$$

绕它的对称轴(z 轴)旋转所得的旋转抛物面(图3.5.8)的方程为

$$x^2+y^2=2pz. \tag{3.5 - 5}$$

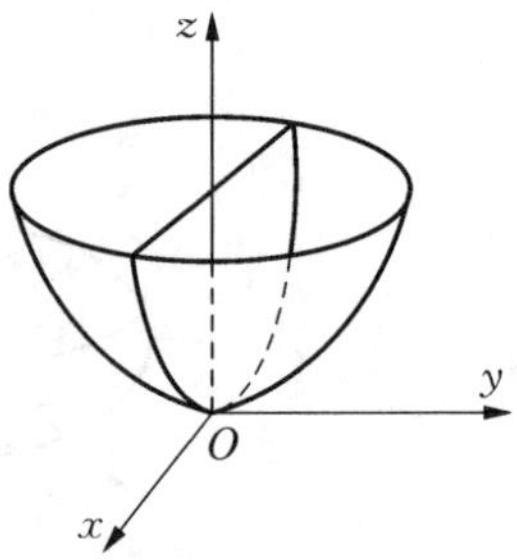

图 3.5.8

4. 圆柱面

两条平行直线中的一条直线绕另一条直线旋转所得的曲面称为**圆柱面**.

将直线

$$\begin{cases} y=a, \\ x=0, \end{cases}$$

绕 z 轴旋转所得的以 z 轴为轴，半径为 a 的圆柱面(图 3.5.9)的方程为

$$x^2+y^2=a^2. \tag{3.5-6}$$

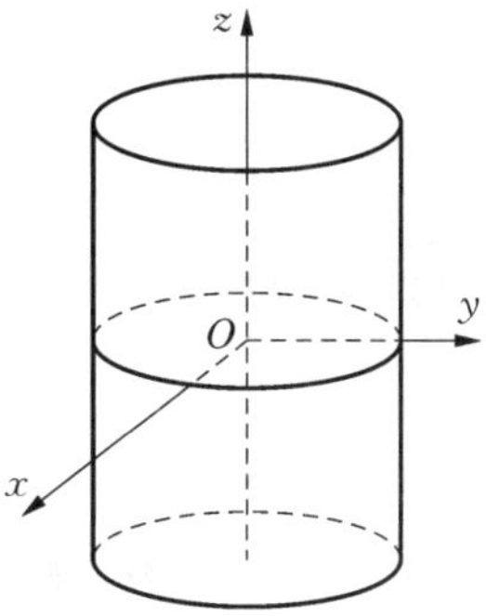

图 3.5.9

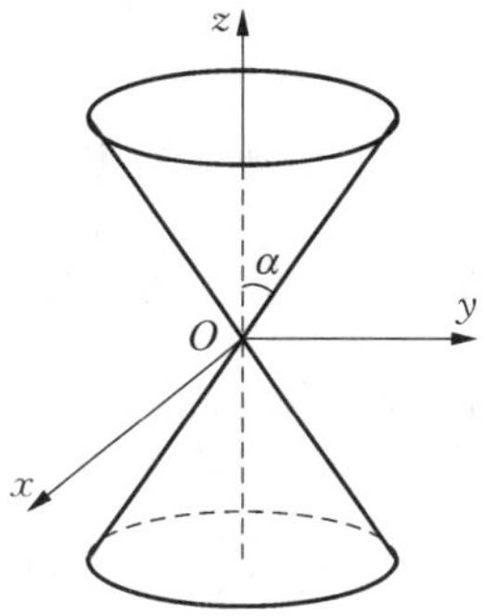

图 3.5.10

5. **圆锥面**

两条相交直线中的一条直线绕另一条直线旋转所得的曲面称为**圆锥面**，两直线的交点称为**圆锥面的顶点**，两直线交成的锐角称为**圆锥面的半顶角**.

将直线

$$\begin{cases} y=z\tan\alpha, \\ x=0, \end{cases}$$

绕 z 轴旋转所得圆锥面(图 3.5.10)的方程为

$$x^2+y^2-(\tan^2\alpha)z^2=0, \tag{3.5-7}$$

其中 α 为圆锥面的半顶角.

习题 3.5

1. 写出下列条件所得旋转曲面的方程：

(1) 将曲线 $x^2=5z, y=0$ 绕 z 轴旋转；

(2) 将曲线 $4x^2-9y^2=36, z=0$ 绕 y 轴旋转；

(3) 将曲线 $x^2+4y^2=4, z=0$ 绕 x 轴旋转.

2. 指出下列旋转曲面的旋转轴及其在坐标面内的母线方程：

(1) $x^2+y^2+z^2=4z$；

(2) $x^2+z^2=4y$；

(3) $x^2+y^2-z^2=0$;

(4) $x^2-y^2-z^2=1$;

(5) $-x^2+y^2+z^2=0$;

(6) $x^2-y^2+z^2=1$.

3. 求下列旋转曲面的方程:

(1) 直线$\frac{x}{2}=\frac{y}{1}=\frac{z-1}{-1}$绕直线$\frac{x}{1}=\frac{y}{-1}=\frac{z-1}{2}$旋转;

(2) 直线$\frac{x-2}{3}=\frac{y}{2}=\frac{z}{6}$绕 x 轴旋转.

4. 求直线$\frac{x}{\alpha}=\frac{y-\beta}{0}=\frac{z}{1}$绕 z 轴旋转所得旋转曲面的方程,并就 α 与 β 可能的值讨论这是何种曲面?

5. 已知空间曲线 Γ 的参数方程为

$$\begin{cases} x=f(t), \\ y=g(t), (a\leqslant t\leqslant b), \\ z=h(t) \end{cases}$$

求以 z 轴为旋转轴,Γ 为母线的旋转曲面的参数方程.

6. 求以 z 轴为旋转轴,以曲线

$$\begin{cases} x=f(z), \\ y=g(z) \end{cases}$$

为母线的旋转曲面的方程.

第 4 章
二次曲面

由几何特征建立曲面的方程与由曲面的方程研究曲面的几何性质是研究曲面的两个基本课题.在前一章中,我们对于几何特征十分明显的球面,柱面,锥面和旋转曲面建立了它们的方程.在空间坐标系下,一般地,方程 $F(x,y,z)=0$ 的图形是一个曲面.一个二次方程所表示的曲面称为二次曲面.上一章中介绍的球面,二次柱面,二次锥面,二次旋转曲面都是二次曲面.在这一章中,我们将介绍三种主要的二次曲面,即椭球面,双曲面与抛物面.在适当的坐标系下,它们的方程具有比较简单的形式,我们将从这些曲面的简单的标准方程出发来讨论它们的图形.

为了明确一个方程表示的曲面的形状,需要对曲面的方程进行讨论,讨论的主要内容与步骤如下:

(1) 曲面的存在范围;

(2) 曲面的对称性;

(3) 曲面与坐标轴的交点;

(4) 曲面的主截线;

曲面被坐标面所截得的曲线称为曲面的**主截线**,或称为**主截口**.

(5) 曲面的平行截线;

曲面被坐标面的平行平面截得的曲线称为曲面的平行于坐标面的**平行截线**,或称为**平行截口**.

根据一组平行截线的形状和变化趋势,可推想出曲面的大致结构与形状,这种利用一组平行平面截割曲面所得的截线来研究曲面形状的方法,简称为**平行截割法**.

4.1 椭球面

定义 4.1.1 在直角坐标系下,由方程

$$\frac{x^2}{a^2}+\frac{y^2}{b^2}+\frac{z^2}{c^2}=1 \tag{4.1-1}$$

所表示的曲面称为**椭球面**或**椭圆面**,方程(4.1-1)称为**椭球面的标准方程**,其中 a,b,c 为正常数.

现在根据方程(4.1-1)来讨论椭球面的性质和形状.

1. 曲面的存在范围

由方程(4.1-1)可见,椭球面上任何一点的坐标(x,y,z)满足不等式

$$\frac{x^2}{a^2}\leqslant 1,\ \frac{y^2}{b^2}\leqslant 1,\ \frac{z^2}{c^2}\leqslant 1;$$

即

$$-a\leqslant x\leqslant a,\ -b\leqslant y\leqslant b,\ -c\leqslant z\leqslant c.$$

这表明椭球面(4.1-1)完全被封闭在由平面

$$x=\pm a,\ y=\pm b,\ z=\pm c$$

所围成的长方体内.

2. 曲面的对称性

因为方程(4.1-1)仅含坐标 x,y,z 的平方项,如果点(x,y,z)在椭球面(4.1-1)上,那么点$(\pm x,\pm y,\pm z)$不论其中正负号怎样选取,也在椭球面(4.1-1)上.这说明椭球面(4.1-1)关于三坐标面、三坐标轴和坐标原点都对称.也就是说,椭球面(4.1-1)以三坐标面为对称平面,以三坐标轴为对称轴,以坐标原点为对称中心.椭球面的对称平面,对称轴与对称中心依次称为它的**主平面**,**主轴**与**中心**.

3. 曲面与坐标轴的交点

在方程(4.1-1)中,令 $y=z=0$,得 $x=\pm a$,因此椭球面(4.1-1)与 x 轴的交点为 $A(a,0,0)$,$A'(-a,0,0)$;同样可得与 y 轴的交点为 $B(0,b,0)$,$B'(0,-b,0)$;与 z 轴交点为 $C(0,0,c)$,$C'(0,0,-c)$.这六个交点是曲面与对称轴的交点,称为**顶点**.同一对称轴上两顶点组成的线段 AA',BB',CC'与它们的长度

$2a,2b,2c$ 都称为椭球面(4.1-1)的**轴**.轴的一半,即中心与各顶点间的线段与它们的长度 a,b,c 称为椭球面(4.1-1)的**半轴**.如果 $a>b>c$,那么 $2a,2b,2c$ 分别称为椭球面(4.1-1)的**长轴,中轴,短轴**,而 a,b,c 分别称为**长半轴,中半轴,短半轴**.

4. 曲面的主截线

曲面(4.1-1)与 xOy 坐标面,xOz 坐标面及 yOz 坐标面的交线分别是下列椭圆:

$$\begin{cases}\dfrac{x^2}{a^2}+\dfrac{y^2}{b^2}=1,\\ z=0;\end{cases} \tag{1}$$

$$\begin{cases}\dfrac{x^2}{a^2}+\dfrac{z^2}{c^2}=1,\\ y=0;\end{cases} \tag{2}$$

$$\begin{cases}\dfrac{y^2}{b^2}+\dfrac{z^2}{c^2}=1,\\ x=0.\end{cases} \tag{3}$$

这些椭圆称为椭球面(4.1-1)的**主椭圆**.

5. 曲面的平行截线

用平行于 xOy 坐标面的平面 $z=h$ 截割椭球面(4.1-1),我们得到截线

$$\begin{cases}\dfrac{x^2}{a^2}+\dfrac{y^2}{b^2}+\dfrac{z^2}{c^2}=1,\\ z=h,\end{cases}$$

即

$$\begin{cases}\dfrac{x^2}{a^2}+\dfrac{y^2}{b^2}=1-\dfrac{h^2}{c^2},\\ z=h.\end{cases} \tag{4}$$

当 $|h|>c$ 时,(4)无图形,这表明平面 $z=h(|h|>c)$ 与椭球面(4.1-1)不相交;

当 $|h|=c$ 时,方程(4)的图形是平面 $z=h$ 上的点 $(0,0,c)$ 或平面 $z=-h$ 上的点 $(0,0,-c)$;

当 $|h|<c$ 时,方程(4)的图形是平面 $z=h$ 上的一个椭圆,它的中心是 $(0,0,h)$,而半轴分别是

$$a\sqrt{1-\frac{h^2}{c^2}} \text{ 与 } b\sqrt{1-\frac{h^2}{c^2}},$$

两对顶点分别是

$$\left(\pm a\sqrt{1-\frac{h^2}{c^2}},0,h\right)与\left(0,\pm b\sqrt{1-\frac{h^2}{c^2}},h\right),$$

它们分别位于主椭圆(2)与(3)上.显然,椭圆(4)的两半轴随着$|h|$增大而减小,也就是椭圆(4)随$|h|$增大而变小.

如果我们把(4)中的 h 看成参数,则(4)就表示一族椭圆.因此,椭球面(4.1-1)可以看成是由所在平面与 xOy 坐标面平行或重合,顶点在主椭圆(2)与(3)上的椭圆族(4)所生成的曲面.

如果我们用平面 $y=h$ 或 $x=h$ 截割椭球面(4.1-1),则分别可以得到与上述类似的结论.

图 4.1.1 是椭球面(4.1-1)的图形.

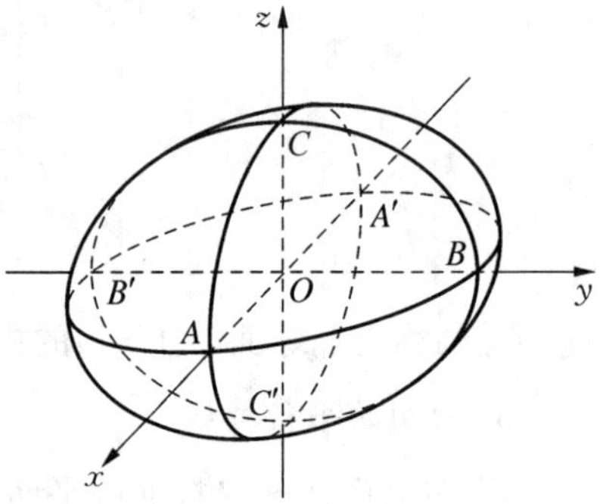

图 4.1.1

如果 a,b,c 两两不相等,那么椭球面(4.1-1)称为**三轴椭球面**.

如果 $a=b=c$,那么方程(4.1-1)可表示成

$$x^2+y^2+z^2=c^2.$$

这时的椭球面是一个中心在原点半径等于 c 的球面.

如果 a,b,c 三个半轴中有两个相等,比如 $a=b\neq c$,那么方程(4.1-1)具有形式

$$\frac{x^2}{a^2}+\frac{y^2}{a^2}+\frac{z^2}{c^2}=1.$$

这时的椭球面就是旋转椭球面.

因此,球面和旋转椭球面是特殊的椭球面.

此外,由方程

$$\frac{x^2}{a^2}+\frac{y^2}{b^2}+\frac{z^2}{c^2}=0$$

与

$$\frac{x^2}{a^2}+\frac{y^2}{b^2}+\frac{z^2}{c^2}=-1$$

表示的曲面依次称为**点椭球面与虚椭球面**.

例 4.1.1 已知椭球面 S 的轴与坐标轴重合,且通过椭圆$\frac{y^2}{4}+\frac{z^2}{2}=1,x=$

0 与点 $M(2,-1,1)$，求椭球面 S 的方程.

解　因为椭球面 S 的轴与三坐标轴重合，所以可设椭球面 S 的方程为

$$\frac{x^2}{a^2}+\frac{y^2}{b^2}+\frac{z^2}{c^2}=1,$$

S 与坐标面：$x=0$ 的交线为椭圆

$$\begin{cases}\dfrac{y^2}{b^2}+\dfrac{z^2}{c^2}=1,\\ x=0,\end{cases}$$

与已知椭圆

$$\begin{cases}\dfrac{y^2}{4}+\dfrac{z^2}{2}=1,\\ x=0,\end{cases}$$

比较得

$$b^2=4,\ c^2=2.$$

又因为曲面 S 通过点 $M(2,-1,1)$，所以有

$$\frac{4}{a^2}+\frac{1}{4}+\frac{1}{2}=1,$$

解得

$$a^2=16,$$

因此所求椭球面为

$$S:\frac{x^2}{16}+\frac{y^2}{4}+\frac{z^2}{2}=1.$$

例 4.1.2　以动平面 $x=h(-2\leqslant h\leqslant 2)$ 截割椭球面 $\frac{x^2}{4}+\frac{y^2}{9}+\frac{z^2}{16}=1$ 得一族椭圆，试求这族椭圆的焦点轨迹.

解　由题意可知，椭圆族的方程为

$$\begin{cases}\dfrac{x^2}{4}+\dfrac{y^2}{9}+\dfrac{z^2}{16}=1,\\ x=h,\end{cases}$$

也就是

$$\begin{cases}\dfrac{y^2}{9}+\dfrac{z^2}{16}=1-\dfrac{h^2}{4},\\ x=h.\end{cases}$$

这是平面 $x=h$ 上的椭圆.它的中心是 $(h,0,0)$，它的轴平行于 z 轴和 y 轴，长

短半轴分别是

$$4\sqrt{1-\frac{h^2}{4}} \quad 和 \quad 3\sqrt{1-\frac{h^2}{4}}.$$

故，它的焦点坐标是

$$\begin{cases} x=h, \\ y=0, \\ z=\pm\sqrt{7\left(1-\frac{h^2}{4}\right)}, \end{cases}$$

消去参数 h，得焦点的轨迹方程为

$$\begin{cases} \frac{x^2}{4}+\frac{z^2}{7}=1, \\ y=0, \end{cases}$$

这是坐标面 xOz 上的一椭圆.

习题 4.1

1. 已知椭球面的三对称轴分别与三坐标轴重合，求下列椭球面的方程：

(1) 通过三点 $P(2,-1,1)$，$Q(-3,0,0)$，$R(1,-1,-2)$；

(2) 过椭圆 $\begin{cases} \frac{x^2}{9}+\frac{y^2}{16}=1, \\ z=0 \end{cases}$ 和点 $(1,2,\sqrt{23})$；

(3) 过两椭圆 $\begin{cases} \frac{y^2}{9}+\frac{z^2}{16}=1, \\ x=0 \end{cases}$ 和 $\begin{cases} \frac{x^2}{25}+\frac{z^2}{16}=1, \\ y=0. \end{cases}$

2. 试求椭球面 $\frac{x^2}{16}+\frac{y^2}{4}+z^2=1$ 与平面 $x+4z-4=0$ 的交线在 xOy 坐标面内的射影曲线的方程.

3. 已知椭球面 $\frac{x^2}{a^2}+\frac{y^2}{b^2}+\frac{z^2}{c^2}=1(c<a<b)$，试求过 x 轴并与椭球面的交线是圆的平面方程.

4. 由椭球面 $\frac{x^2}{a^2}+\frac{y^2}{b^2}+\frac{z^2}{c^2}=1$ 的中心，沿单位向量 $\boldsymbol{a}=\{\cos\alpha,\cos\beta,\cos\gamma\}$

的方向到曲面上一点 M 的距离为 r，试证

$$\frac{\cos^2\alpha}{a^2}+\frac{\cos^2\beta}{b^2}+\frac{\cos^2\gamma}{c^2}=\frac{1}{r^2}.$$

5. 验证椭球面$\frac{x^2}{a^2}+\frac{y^2}{b^2}+\frac{z^2}{c^2}=1$的参数方程可表示为

$$\begin{cases}x=a\ \sin\theta\cos\varphi,\\ y=b\ \sin\theta\sin\varphi,\\ z=c\ \cos\theta,\end{cases}$$

其中 $\theta(0\leqslant\theta\leqslant\pi)$，$\varphi(0\leqslant\varphi<2\pi)$ 为参数.

4.2 双曲面

4.2.1 单叶双曲面

定义 4.2.1 在直角坐标系下，由方程

$$\frac{x^2}{a^2}+\frac{y^2}{b^2}-\frac{z^2}{c^2}=1 \tag{4.2-1}$$

所表示的曲面称为**单叶双曲面**，方程(4.2-1)称为**单叶双曲面的标准方程**，其中 a,b,c 为正常数.

下面讨论单叶双曲面的性质和形状.

1. 曲面的存在范围

方程(4.2-1)可改写为

$$\frac{x^2}{a^2}+\frac{y^2}{b^2}=1+\frac{z^2}{c^2},$$

故曲面上点的坐标满足不等式

$$\frac{x^2}{a^2}+\frac{y^2}{b^2}\geqslant 1.$$

这表明单叶双曲面(4.2-1)存在于椭圆柱面

$$\frac{x^2}{a^2}+\frac{y^2}{b^2}=1$$

的外部.

2. 曲面的对称性

方程(4.2－1)仅含坐标的平方项,与椭球面一样,单叶双曲面(4.2－1)关于三坐标面,三坐标轴及坐标原点对称.单叶双曲面的对称面,对称轴与对称中心,依次称为它的**主平面**,**主轴**与**中心**.

3. 曲面与坐标轴的交点

显然,当 $x=0,y=0$ 时,方程(4.2－1)无实数解.因此,单叶双曲面与 z 轴不相交.在方程(4.2－1)中分别令 $y=z=0$ 和 $x=z=0$,得曲面与 x 轴交点 $A(a,0,0)$,$A'(-a,0,0)$和 y 轴的交点 $B(0,b,0)$,$B'(0,-b,0)$.这四个点称为单叶双曲面(4.2－1)的**顶点**.

4. 曲面的主截线

考察单叶双曲面(4.2－1)与坐标面 xOy 的交线,它的方程是

$$\begin{cases}\dfrac{x^2}{a^2}+\dfrac{y^2}{b^2}=1,\\ z=0.\end{cases}\tag{1}$$

这是 xOy 坐标面上以原点为中心的椭圆,它称为单叶双曲面(4.2－1)的**腰椭圆**.曲面与坐标面 xOz 和 yOz 的交线分别是双曲线

$$\begin{cases}\dfrac{x^2}{a^2}-\dfrac{z^2}{c^2}=1,\\ y=0\end{cases}\tag{2}$$

和

$$\begin{cases}\dfrac{y^2}{b^2}-\dfrac{z^2}{c^2}=1,\\ x=0.\end{cases}\tag{3}$$

它们都以原点为中心且以 z 轴为虚轴.

5. 曲面的平行截线

用平面 $z=h$ 截割单叶双曲面(4.2－1)得截线

$$\begin{cases}\dfrac{x^2}{a^2}+\dfrac{y^2}{b^2}-\dfrac{z^2}{c^2}=1,\\ z=h,\end{cases}$$

即

$$\begin{cases}\dfrac{x^2}{a^2\left(1+\dfrac{h^2}{c^2}\right)}+\dfrac{y^2}{b^2\left(1+\dfrac{h^2}{c^2}\right)}=1,\\ z=h.\end{cases}\tag{4}$$

这里 h 可以取一切实数.(4)为平面 $z=h$ 上的一椭圆,它的两半轴分别是

$$a\sqrt{1+\frac{h^2}{c^2}}\text{ 与 }b\sqrt{1+\frac{h^2}{c^2}}.$$

这两个半轴随着 $|h|$ 的增大而增大,但它们的比等于常数 $\frac{a}{b}$.当 $h=0$ 时,(4)即为腰椭圆,这时的两半轴最小,分别为 a 和 b.由此可见,单叶双曲面(4.2－1)在 z 轴的正反两个方向离原点越远则张口越大.

显然,椭圆(4)的顶点

$$\left(\pm a\sqrt{1+\frac{h^2}{c^2}},0,h\right)\text{和}\left(0,\pm b\sqrt{1+\frac{h^2}{c^2}},h\right)$$

分别在双曲线(2)和(3)上.如果把 h 看成参数,则(4)就表示一族椭圆.因此,单叶双曲面(4.2－1)可以看成是由所在平面与坐标面 xOy 平行或重合,顶点在双曲线(2)和(3)上的椭圆族(4)形成的曲面.

方程(4.2－1)的图形如图 4.2.1 所示.

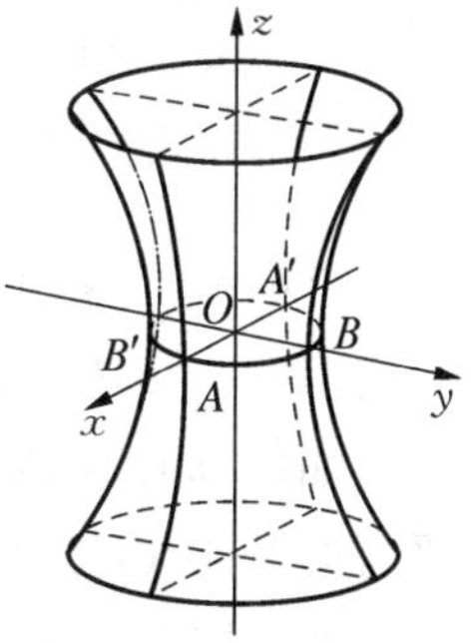

图 4.2.1

当我们用平行于坐标面 xOz 的平面 $y=p$ 去截割单叶双曲面(4.2－1),则得到截线

$$\begin{cases}\dfrac{x^2}{a^2}-\dfrac{z^2}{c^2}=1-\dfrac{p^2}{b^2},\\ y=p.\end{cases}\tag{5}$$

如果 $|p|<b$,则方程(5)可化为

$$\begin{cases}\dfrac{x^2}{a^2\left(1-\dfrac{p^2}{b^2}\right)}-\dfrac{z^2}{c^2\left(1-\dfrac{p^2}{b^2}\right)}=1,\\ y=p.\end{cases}\tag{6}$$

它是以 $(0,p,0)$ 为中心,实轴与 x 轴平行,虚轴与 z 轴平行的双曲线,且双曲线(6)的顶点

$$\left(\pm\frac{a}{b}\sqrt{b^2-p^2},p,0\right)$$

在腰椭圆(1)上(图 4.2.2).

如果 $|p|=b$,则方程(5)变成

$$\begin{cases}\dfrac{x^2}{a^2}-\dfrac{z^2}{c^2}=0,\\ y=b\end{cases} \quad 或 \quad \begin{cases}\dfrac{x^2}{a^2}-\dfrac{z^2}{c^2}=0,\\ y=-b,\end{cases}$$

所以截线是两对相交直线

$$\begin{cases}\dfrac{x}{a}\pm\dfrac{z}{c}=0,\\ y=b\end{cases} \quad 和 \quad \begin{cases}\dfrac{x}{a}\pm\dfrac{z}{c}=0,\\ y=-b.\end{cases}$$

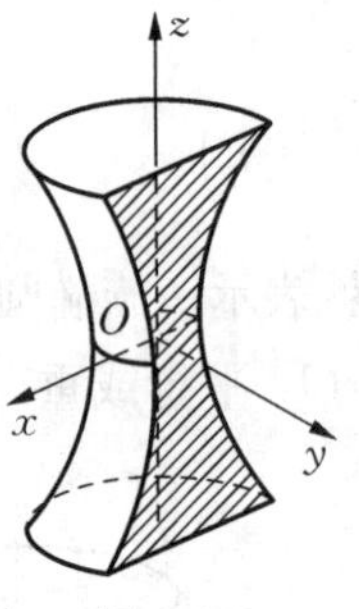

图 4.2.2

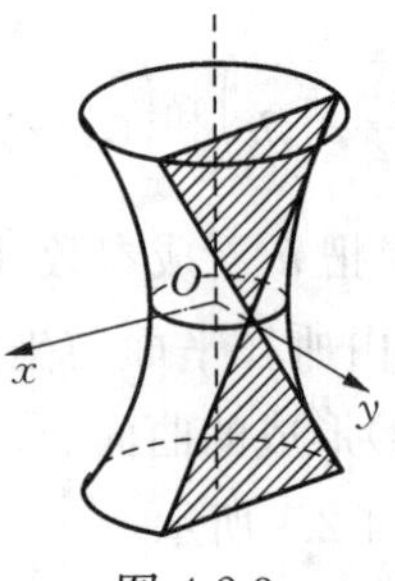

图 4.2.3

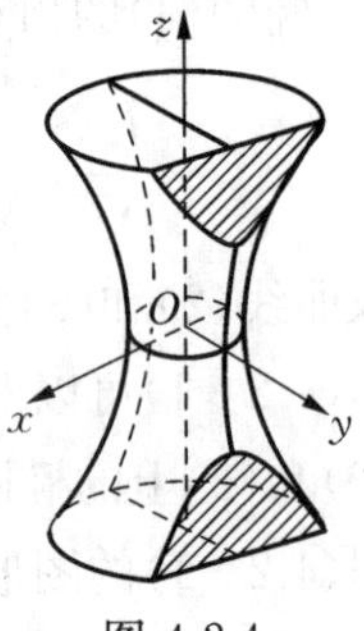

图 4.2.4

平面 $y=b$ 截得的一对直线相交于$(0,b,0)$；平面 $y=-b$ 截得的一对直线相交于$(0,-b,0)$，它们均在腰椭圆(1)上(图 4.2.3).

如果$|p|>b$，则截线(5)是中心在$(0,b,0)$，实轴与 z 轴平行，虚轴与 x 轴平行的双曲线(图 4.2.4).

如果用平行于 yOz 坐标面 $x=q$ 来截割单叶双曲面(4.2-1)，那么其截线与用平行于 xOz 坐标面的平面来截割所得的结果相类似.

在方程(4.2-1)中当 $a=b$ 时，即为

$$\frac{x^2}{a^2}+\frac{y^2}{a^2}-\frac{z^2}{c^2}=1,$$

它就是双曲线

$$\begin{cases}\dfrac{x^2}{a^2}-\dfrac{z^2}{c^2}=1,\\ y=0\end{cases}$$

绕 z 轴旋转而得的旋转单叶双曲面.

方程

$$\frac{x^2}{a^2}-\frac{y^2}{b^2}+\frac{z^2}{c^2}=1$$

和

$$-\frac{x^2}{a^2}+\frac{y^2}{b^2}+\frac{z^2}{c^2}=1$$

所表示的曲面也都是单叶双曲面并且也都称为单叶双曲面的标准方程.

4.2.2 双叶双曲面

定义 4.2.2 在空间直角坐标系下,由方程

$$\frac{x^2}{a^2}+\frac{y^2}{b^2}-\frac{z^2}{c^2}=-1 \tag{4.2-2}$$

所表示的曲面称为**双叶双曲面**,方程(4.2-2)称为**双叶双曲面的标准方程**,其中 a,b,c 为正常数.

现在来讨论双叶双曲面(4.2-2)的性质和形状.

1. 曲面的存在范围

由方程(4.2-2)得

$$\frac{z^2}{c^2}=1+\frac{x^2}{a^2}+\frac{y^2}{b^2}\geqslant 1,$$

故曲面(4.2-2)上的点恒有 $|z|\geqslant c$,即 $z\geqslant c$ 或 $z\leqslant -c$.这说明在两平行平面 $z=c$ 与 $z=-c$ 之间没有曲面上的点,双叶双曲面(4.2-2)由两“叶”组成,一叶在平面 $z=c$ 的沿 z 轴正方向的一侧,另一叶在平面 $z=-c$ 的沿 z 轴负方向一侧.这就是对此双曲面冠名“双叶”的缘由.

2. 曲面的对称性

和椭球面、单叶双曲面相类似,双叶双曲面(4.2-2)也关于三坐标面,三坐标轴与坐标原点对称.双叶双曲面的对称面,对称轴与对称中心依次称为它的**主平面**,**主轴**与**中心**.

3. 曲面与坐标轴的交点

双叶双曲面(4.2-2)与 z 轴交于 $C(0,0,c)$ 和 $C'(0,0,-c)$,这两点称为它的**顶点**.

4. 曲面的主截线

坐标面 xOy 与曲面(4.2-2)不相交,坐标面 xOz,yOz 分别截曲面所得截

线为双曲线：

$$\begin{cases}\dfrac{z^2}{c^2}-\dfrac{x^2}{a^2}=1,\\ y=0,\end{cases}\tag{7}$$

$$\begin{cases}\dfrac{z^2}{c^2}-\dfrac{y^2}{b^2}=1,\\ x=0.\end{cases}\tag{8}$$

它们都是以坐标原点为中点，以 z 轴为实轴，且实轴长都等于 $2c$.

5. 曲面的平行截线

用平行于 xOy 坐标面的平面 $z=h(|h|\geqslant c)$ 截割双叶双曲面(4.2－2)得截线

$$\begin{cases}\dfrac{x^2}{a^2}+\dfrac{y^2}{b^2}=\dfrac{h^2}{c^2}-1,\\ z=h.\end{cases}\tag{9}$$

当 $|h|=c$ 时，(9)的解为 $x=0,y=0,z=\pm c$，此即曲面(4.2－2)的两个顶点；当 $|h|>c$ 时，(9)表示平面 $z=h$ 上的椭圆，它的中心在 z 轴上，两半轴分别是

$$a\sqrt{\frac{h^2}{c^2}-1}\text{ 与 }b\sqrt{\frac{h^2}{c^2}-1}.$$

这个椭圆的两对顶点分别是

$$\left(\pm a\sqrt{\frac{h^2}{c^2}-1},0,h\right)\text{与}\left(0,\pm b\sqrt{\frac{h^2}{c^2}-1},h\right),$$

它们分别在双曲线(7)与(8)上.显然，椭圆(9)随 $|h|$ 由 c 逐步增大而变大，因此曲面(4.2－2)向平面 $z=c$ 的上方以及平面 $z=-c$ 的下方无限延伸.如果我们把(9)中的 $h(|h|\geqslant c)$ 看成参数，则(9)表示一族椭圆.因此双叶双曲面(4.2－2)可以看成是由所在平面与 xOy 坐标面平行，顶点在双曲线(7)和(8)上的椭圆族所形成的曲面.

双叶双曲面(4.2－2)的图形如图 4.2.5 所示.

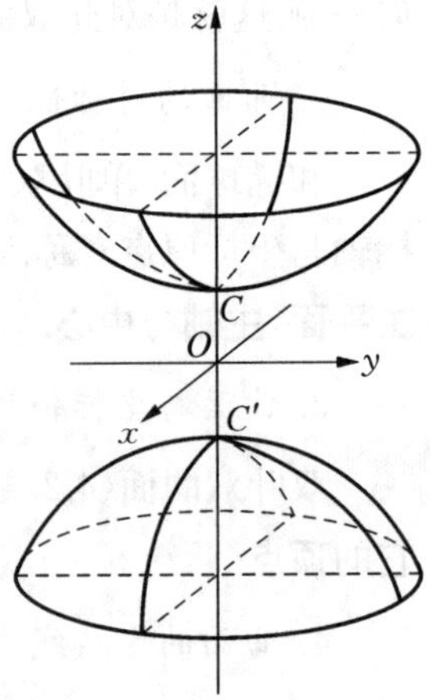

图 4.2.5

双叶双曲面(4.2－2)被平面 $x=h$ 和 $y=h$ 截割所得的截线都是双曲线，它们的方程分别是

$$\begin{cases}\dfrac{z^2}{c^2}-\dfrac{y^2}{b^2}=1+\dfrac{h^2}{a^2},\\ x=h\end{cases}\tag{10}$$

和

$$\begin{cases}\dfrac{z^2}{c^2}-\dfrac{x^2}{a^2}=1+\dfrac{h^2}{b^2},\\ y=h,\end{cases}\tag{11}$$

双曲线(10)和(11)的实轴都与 z 轴平行.

在方程(4.2-2)中,如果 $a=b$,则它就是旋转双叶双曲面.

方程

$$-\frac{x^2}{a^2}+\frac{y^2}{b^2}+\frac{z^2}{c^2}=-1$$

和

$$\frac{x^2}{a^2}-\frac{y^2}{b^2}+\frac{z^2}{c^2}=-1$$

所表示的曲面也都是双叶双曲面,且也都称为双叶双曲面的标准方程.

单叶双曲面与双叶双曲面统称为**双曲面**.

椭球面与双曲面都具有唯一的对称中心,因而它们都称为**中心二次曲面**.中心二次曲面的方程可表示成统一的形式:

$$Ax^2+By^2+Cz^2=1.\qquad (ABC\neq 0)\tag{4.2-3}$$

当三个平方项的系数 A,B,C 的符号均为正时,(4.2-3)表示椭球面;当 A,B,C 的符号两正一负时,(4.2-3)表示单叶双曲面;当 A,B,C 的符号两负一正时,(4.2-3)表示双叶双曲面;当 A,B,C 的符号全负时,(4.2-3)表示虚椭球面.

例 4.2.1　已知二次曲面 S:

$$x^2-2y^2+2z^2-2x-k+1=0,$$

其中 k 为参数,试对 k 可能的取值讨论 S 是何种曲面?

解　曲面 S 的原方程可改写为

$$S:(x-1)^2-2y^2+2z^2=k.$$

因此:

当 $k=0$ 时,曲面 S 是顶点为 $P_0(1,0,0)$ 的锥面;

当 $k>0$ 时,曲面 S 是以 P_0 为中心的单叶双曲面;

当 $k<0$ 时,曲面 S 是以 P_0 为中心的双叶双曲面.

例 4.2.2 已知单叶双曲面

$$S:\frac{x^2}{32}+\frac{y^2}{2}-\frac{z^2}{18}=1,$$

(1) 试证平面 $x=4$ 和双曲面 S 的交线是双曲线,并求这双曲线的半轴长与顶点的坐标;

(2) 求平行于 xOz 坐标面且与曲面 S 的交线是一对相交直线的平面,并求这一对相交直线的方程.

解 (1) 平面 $x=4$ 与曲面 S 的交线 C 的方程为

$$C:\begin{cases}\dfrac{x^2}{32}+\dfrac{y^2}{2}-\dfrac{z^2}{18}=1,\\ x=4,\end{cases}$$

可等价改写成

$$C:\begin{cases}\dfrac{y^2}{1}-\dfrac{z^2}{9}=1,\\ x=4.\end{cases}$$

由此可见,交线 C 为平面 $x=4$ 上的双曲线.

双曲线 C 的实半轴 $a=1$,虚半轴 $b=3$,C 的顶点为 $P_1(4,1,0)$ 与 $P_2(4,-1,0)$;

(2) 设所求平面为 π: $y=m$,则 π 与曲面 S 的交线为

$$L:\begin{cases}\dfrac{x^2}{32}+\dfrac{y^2}{2}-\dfrac{z^2}{18}=1,\\ y=m,\end{cases}$$

即

$$L:\begin{cases}\dfrac{x^2}{32}-\dfrac{z^2}{18}=1-\dfrac{m^2}{2},\\ y=m.\end{cases}$$

交线 L 成为一对相交直线的条件为

$$1-\frac{m^2}{2}=0.$$

由此解得 $m=\pm\sqrt{2}$,故所求平面为

$$\pi_1:\ y=\sqrt{2}\quad 或\quad \pi_2:\ y=-\sqrt{2},$$

且平面 π_1 截曲面 S 所得的一对相交直线为

$$\begin{cases}\dfrac{x^2}{32}-\dfrac{z^2}{18}=0,\\ y=\sqrt{2};\end{cases}$$

平面 π_2 截曲面 S 所得的一对相交直线为

$$\begin{cases}\dfrac{x^2}{32}-\dfrac{z^2}{18}=0,\\ y=-\sqrt{2}.\end{cases}$$

习题 4.2

1. 分别写出单叶双曲面 $\dfrac{x^2}{9}-\dfrac{y^2}{25}+\dfrac{z^2}{4}=1$ 被平面 $x=2, y=0, y=5, z=1, z=2$ 截割所得的截线方程，并指出它们是何种曲线.

2. 设一双曲面关于三坐标面对称，它通过点 $M(8,3,4)$，且与平面 $x=4$ 的交线为

$$\begin{cases}\dfrac{y^2}{9}-\dfrac{z^2}{4}=0,\\ x=4.\end{cases}$$

求这双曲面的方程.

3. 已知单叶双曲面的方程为 $\dfrac{x^2}{16}+\dfrac{y^2}{9}-\dfrac{z^2}{4}=1$，试求平行于 yOz 面且与曲面的交线是一对相交直线的平面，并求这对相交直线的方程.

4. 证明单叶双曲面 S：$x^2+\dfrac{y^2}{9}-\dfrac{z^2}{4}=1$ 与平面 $y=4$ 的交线为双曲线，并求这双曲线的实轴长，虚轴长以及顶点坐标与实轴方程.

5. 用一组平行平面 $z=h$（h 为任意实数）截割单叶双曲面 $\dfrac{x^2}{a^2}+\dfrac{y^2}{b^2}-\dfrac{z^2}{c^2}=1$ $(a>b)$ 得一族椭圆，求这些椭圆的焦点轨迹.

6. 已知二次曲面

$$S_k: \frac{x^2}{a^2-k}+\frac{y^2}{b^2-k}+\frac{z^2}{c^2-k}=1,$$

其中 $a>b>c>0$，k 为参数，试对参数 k 的可能值，讨论 S_k 表示何种二次

曲面?

7. 判别下列参数方程表示的曲面为何种曲面?

(1) $\begin{cases} x=a\cdot\sec\varphi\cdot\cos\theta, \\ y=b\cdot\sec\varphi\cdot\sin\theta, \\ z=c\cdot\tan\varphi; \end{cases}$

(2) $\begin{cases} x=a\cdot\tan\mu\cdot\cos\theta, \\ y=b\cdot\tan\mu\cdot\sin\theta, \\ z=c\cdot\sec\mu, \end{cases}$

其中 a,b,c 为正常数.

4.3 抛 物 面

4.3.1 椭圆抛物面

定义 4.3.1 在直角坐标系下,由方程

$$\frac{x^2}{a^2}+\frac{y^2}{b^2}=2z \tag{4.3-1}$$

所表示的曲面称为**椭圆抛物面**,方程(4.3-1)称为**椭圆抛物面的标准方程**,其中 a,b 为正常数.

下面,我们根据方程(4.3-1)来讨论椭圆抛物面的性质与形状.

1. 曲面的存在范围

由方程(4.3-1)立刻可得

$$z=\frac{1}{2}\left(\frac{x^2}{a^2}+\frac{y^2}{b^2}\right)\geqslant 0.$$

这就是说曲面完全位于坐标面 xOy 上方的半空间内.

2. 曲面的对称性

因为方程(4.3-1)只含坐标 x 与 y 的平方项,如果点 (x,y,z) 在曲面上,那么点 $(\pm x,\pm y,z)$ 不论正负号怎样选取也在曲面上,所以椭圆抛物面(4.3-1)以坐标面 xOz 与 yOz 为对称平面,以 z 轴为对称轴.椭圆抛物面的对称平面和对称轴分别称为它的**主平面**和**主轴**.椭圆抛物面没有对称中心.

3. 曲面与坐标轴的交点

因为(0,0,0)满足方程(4.3－1),所以曲面通过坐标原点.由于原点是曲面与对称轴的交点,这一点称为椭圆抛物面(4.3－1)的**顶点**.除原点外,曲面与三坐标轴没有别的交点.

4. 曲面的主截线

椭圆抛物面(4.3－1)与坐标面 $z=0$ 交于原点,与坐标面 $x=0$ 和 $y=0$ 的交线分别为

$$\begin{cases} y^2=2b^2z, \\ x=0 \end{cases} \tag{1}$$

和

$$\begin{cases} x^2=2a^2z, \\ y=0. \end{cases} \tag{2}$$

(1)与(2)都是顶点在坐标原点,以 z 轴为对称轴,且开口向着 z 轴正方向的抛物线.它们称为椭圆抛物面(4.3－1)的**主抛物线**.

5. 曲面的平行截线

用平行于 xOy 坐标面的平面 $z=h\,(h>0)$ 去截割椭圆抛物面(4.3－1),所得的截线为椭圆

$$\begin{cases} \dfrac{x^2}{2a^2h}+\dfrac{y^2}{2b^2h}=1, \\ z=h. \end{cases} \tag{3}$$

它的两对顶点 $(0,\pm b\sqrt{2h},h)$ 与 $(\pm a\sqrt{2h},0,h)$ 分别在主抛物线(1)与(2)上.它的两半轴 $a\sqrt{2h}$ 与 $b\sqrt{2h}$ 都随 h 的增大而增大.因为在(3)中,h 可以取任意大的正实数,所以曲面朝着 z 轴的正向无限伸展.由此,如果我们把(3)中的 h 看成参数,那么椭圆抛物面(4.3－1)可以看成是由椭圆族(3)生成.这族椭圆中的每一个椭圆所在平面与 xOy 坐标面平行,顶点分别在主抛物线(1)与(2)上.

椭圆抛物面(4.3－1)的图形如图 4.3.1 所示.

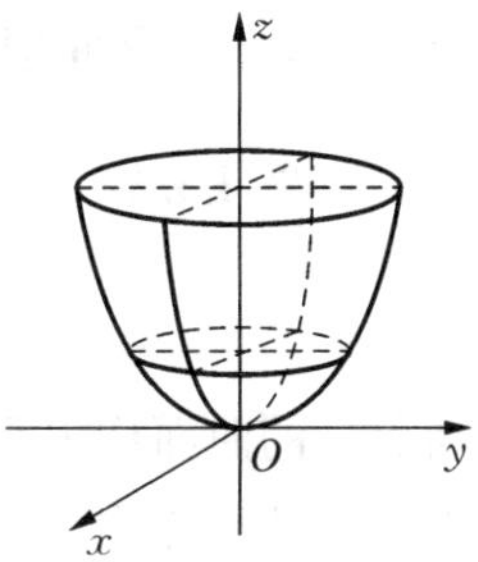

图 4.3.1

如果用平行于 xOz 坐标面的平面 $y=h$ 截割椭圆抛物面(4.3－1),则其截线为抛物线

$$\begin{cases} x^2 = 2a^2\left(z - \dfrac{h^2}{2b^2}\right), \\ y = h. \end{cases} \tag{4}$$

对任意的 h 值，抛物线(4)与主抛物线(2)有相同的焦参数 a^2 和开口方向，即它们的形状完全一致，而其顶点 $\left(0, h, \dfrac{h^2}{2b^2}\right)$ 在主抛物线(1)上.由此可见，椭圆抛物面(4.3-1)也可看作主抛物线(2)随着顶点沿主抛物线(1)移动而平行移动所成的轨迹(图 4.3.2).

类似地，用平行于 yOz 坐标面的平面截椭圆抛物面(4.3-1)所得的截线也是抛物线.

在方程(4.3-1)中，如果 $a=b$，那么方程变为

$$x^2 + y^2 = 2a^2 z.$$

这时的曲面是由抛物线

$$\begin{cases} x^2 = 2a^2 z, \\ y = 0 \end{cases}$$

绕 z 轴旋转而产生的旋转抛物面.

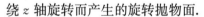

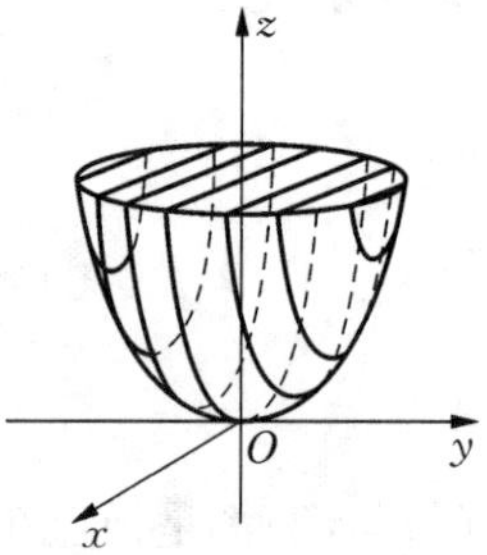

图 4.3.2

由方程

$$\frac{x^2}{a^2} + \frac{y^2}{b^2} = -2z,$$

$$\frac{x^2}{a^2} + \frac{z^2}{c^2} = \pm 2y,$$

$$\frac{y^2}{b^2} + \frac{z^2}{c^2} = \pm 2x$$

所表示的曲面也都是椭圆抛物面，这些方程也都称为椭圆抛物面的标准方程.

4.3.2 双曲抛物面

定义 4.3.2 在直角坐标系下，由方程

$$\frac{x^2}{a^2} - \frac{y^2}{b^2} = 2z \tag{4.3-2}$$

所表示的曲面称为**双曲抛物面**，方程(4.3-2)称为**双曲抛物面的标准方程**，其中 a, b 为正常数.

下面讨论双曲抛物面的性质与形状.

1. 曲面的对称性

类似于椭圆抛物面(4.3－1)，双曲抛物面(4.3－2)关于坐标面 xOz 和 yOz 都对称，并且关于 z 轴对称，也没有对称中心.双曲抛物面的对称轴和对称面依次称为它的**主轴**和**主平面**.

2. 曲面与坐标轴的交点

从方程(4.3－2)可以看出，曲面通过坐标原点，它与三坐标轴无其他交点.原点是曲面与对称轴的交点，称为双曲抛物面(4.3－2)的**顶点**.

3. 曲面的主截线

坐标面 yOz 及 xOz 与双曲抛物面(4.3－2)的交线都是抛物线，它们的方程分别是

$$\begin{cases} y^2=-2b^2z, \\ x=0 \end{cases} \tag{5}$$

及

$$\begin{cases} x^2=2a^2z, \\ y=0. \end{cases} \tag{6}$$

抛物线(5)和(6)称为双曲抛物面(4.3－2)的**主抛物线**.它们都以原点为顶点，以 z 轴为对称轴；它们所在的两个平面互相垂直.但两抛物线的开口方向不同，抛物线(5)的开口方向与 z 轴正向相反，而抛物线(6)向 z 轴正向开口.双曲抛物面(4.3－2)与 xOy 坐标面的交线为

$$\begin{cases} \dfrac{x^2}{a^2}-\dfrac{y^2}{b^2}=0, \\ z=0. \end{cases} \tag{7}$$

这是 xOy 面上相交于原点的一对直线

$$\begin{cases} \dfrac{x}{a}+\dfrac{y}{b}=0, \\ z=0 \end{cases} \quad 与 \quad \begin{cases} \dfrac{x}{a}-\dfrac{y}{b}=0, \\ z=0. \end{cases} \tag{7'}$$

4. 曲面的平行截线

双曲抛物面(4.3－2)被平面 $z=h\,(h\neq 0)$ 截割，所得的截线为双曲线

$$\begin{cases} \dfrac{x^2}{a^2}-\dfrac{y^2}{b^2}=2h, \\ z=h. \end{cases} \tag{8}$$

当 $h>0$ 时,双曲线(8)的实轴与 x 轴平行,虚轴与 y 轴平行,它的顶点 $(\pm a\sqrt{2h},0,h)$ 在主抛物线(6)上;当 $h<0$ 时,双曲线(8)的实轴与 y 轴平行,虚轴与 x 轴平行,它的顶点 $(0,\pm b\sqrt{-2h},h)$ 在主抛物线(5)上.

双曲抛物面(4.3-2)被平行于坐标面 yOz 与 xOz 的平面 $x=k$ 与 $y=u$ 截割,得到的截线分别为

$$\begin{cases}y^2=-2b^2\left(z-\dfrac{k^2}{2a^2}\right),\\ x=k\end{cases} \tag{9}$$

和

$$\begin{cases}x^2=2a^2\left(z+\dfrac{u^2}{2b^2}\right),\\ y=u.\end{cases} \tag{10}$$

它们都是抛物线.抛物线(9)与主抛物线(5)形状相同,它的对称轴平行于 z 轴且开口方向与 z 轴正向相反,而顶点 $\left(k,0,\dfrac{k^2}{2a^2}\right)$ 在主抛物线(6)上;而抛物线(10)与主抛物线(6)形状相同,它的对称轴平行于 z 轴而开口方向与 z 轴正向相同,它的顶点 $\left(0,u,-\dfrac{u^2}{2b^2}\right)$ 在主抛物线(5)上.

双曲抛物面(4.3-2)可以看作由主抛物线(5)将顶点保持在主抛物线(6)上,作平行移动所成的轨迹,或看成是由主抛物线(6)将顶点保持在主抛物线(5)上,作平行移动所成的轨迹.

如图 4.3.3 所示,双曲抛物面(4.3-2)的形状大体上像一只马鞍,所以又称为**马鞍面**.

下面的方程

$$\frac{x^2}{a^2}-\frac{y^2}{b^2}=-2z,$$

$$\frac{x^2}{a^2}-\frac{z^2}{c^2}=\pm 2y,$$

$$\frac{y^2}{b^2}-\frac{z^2}{c^2}=\pm 2x$$

也都表示双曲抛物面,它们也都称为双曲抛物面的标准方程.

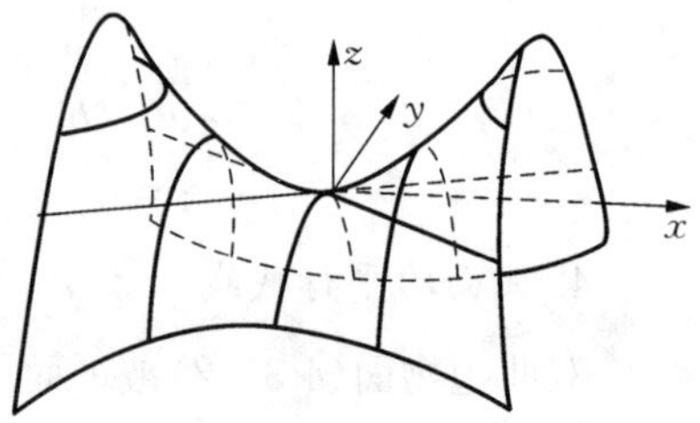

图 4.3.3

椭圆抛物面和双曲抛物面统称为**抛物面**.抛物面没有对称中心,所以又称为**无心二次曲面**.

抛物面的方程可统一表示成

$$Ax^2+By^2=2z \qquad (AB\neq 0), \qquad (4.3-3)$$

当 $AB>0$ 时,(4.3-3)为椭圆抛物面;当 $AB<0$ 时,(4.3-3)为双曲抛物面.

例 4.3.1　求通过两抛物线

$$C_1:\begin{cases}x^2=6y,\\z=0\end{cases} \quad 与 \quad C_2:\begin{cases}z^2=-4y,\\x=0\end{cases}$$

的二次曲面 S 的方程.

解　依条件所求的二次曲面为抛物面,设

$$S:Ax^2+Bz^2=2y,$$

则曲面 S 与坐标面 $z=0$ 的交线为

$$\begin{cases}Ax^2=2y,\\z=0.\end{cases}$$

与 S 所过的抛物线 C_1 比较得

$$\frac{A}{1}=\frac{2}{6},$$

即

$$A=\frac{1}{3};$$

曲面 S 与坐标面 $x=0$ 的交线为

$$\begin{cases}Bz^2=2y,\\x=0.\end{cases}$$

与 S 所过的抛物线 C_2 比较得

$$\frac{B}{1}=\frac{2}{-4},$$

即

$$B=-\frac{1}{2}.$$

因此所求的二次曲面为双曲抛物面 S:

$$\frac{x^2}{3}-\frac{z^2}{2}=2y.$$

例 4.3.2　试求由抛物线$\begin{cases}y^2=18z,\\x=0\end{cases}$将顶点保持在抛物线$\begin{cases}x^2=8z,\\y=0\end{cases}$上,作

平行移动所成的曲面 S 的方程.

解 所求曲面 S 由动抛物线 C 形成.依条件动抛物线 C 的顶点是抛物线

$$\begin{cases}x^2=8z,\\y=0\end{cases}$$

上的点 (x_0,y_0,z_0),它所在的平面为 $x=x_0$,且对称轴平行于 z 轴,开口朝 z 轴正向,焦参数与抛物线

$$\begin{cases}y^2=18z,\\x=0\end{cases}$$

的焦参数相同.故动抛物线的方程为:

$$\begin{cases}(y-y_0)^2=18(z-z_0),\\x=x_0,\\x_0^2=8z_0,\\y_0=0.\end{cases}$$

由此消去参数 x_0,y_0,z_0,得到

$$y^2=18\left(z-\frac{x^2}{8}\right).$$

因此,所求的曲面为椭圆抛物面 S:

$$\frac{x^2}{4}+\frac{y^2}{9}=2z.$$

例 4.3.3 求与两抛物线

$$C_1:\begin{cases}x^2=z,\\y=0\end{cases}\quad 与\quad C_2:\begin{cases}y^2=-z,\\x=0\end{cases}$$

相交,且平行于平面 π: $x-y=0$ 的动直线 l 的轨迹方程.

解 所给抛物线的参数方程为

$$C_1:\begin{cases}x=\lambda,\\y=0,\\z=\lambda^2\end{cases}\quad 与\quad C_2:\begin{cases}x=0,\\y=\mu,\\z=-\mu^2.\end{cases}$$

设动直线 l 与抛物线 C_1,C_2 分别相交于点 $P_1(\lambda,0,\lambda^2)$,$P_2(0,\mu,-\mu^2)$,则动直线 l 的方程为

$$\frac{x-\lambda}{\lambda}=\frac{y}{-\mu}=\frac{z-\lambda^2}{\lambda^2+\mu^2}.\tag{11}$$

因为直线 l 平行于平面 π，所以 l 的方向向量 $\boldsymbol{v}=\{\lambda,-\mu,\lambda^2+\mu^2\}$ 与 π 的法向量 $\boldsymbol{n}=\{1,-1,0\}$ 垂直，即 $\boldsymbol{n}\cdot\boldsymbol{v}=0$，由此得

$$\lambda+\mu=0. \tag{12}$$

将(12)代入(11)消去参数 μ 得

$$\frac{x-\lambda}{\lambda}=\frac{y}{\lambda}=\frac{z-\lambda^2}{2\lambda^2},$$

由此得

$$\begin{cases}x-\lambda=y,\\ z-\lambda^2=2\lambda y.\end{cases} \tag{13}$$

由(13)消去参数 λ 得 l 的轨迹方程为

$$x^2-y^2=z,$$

可见动直线 l 的轨迹为双曲抛物面.

习题 4.3

1. 已知椭圆抛物面的顶点是原点，对称平面为坐标面 xOz 与 yOz，并过点 $(1,2,6)$ 和 $\left(\frac{1}{3},-1,1\right)$，求这个椭圆抛物面的方程.

2. 已知双曲抛物面的顶点是原点，对称于 xOz 面与 yOz 面，且过点 $(1,2,0)$ 和 $\left(\frac{1}{3},-1,1\right)$，求这个双曲抛物面的方程.

3. 已知一抛物线 $x^2=2z, y=0$ 平行移动时，其顶点在抛物线 $y^2=4z, x=0$ 上，求所形成的曲面的方程.

4. 求曲线 $\begin{cases}x^2+y^2+z^2=2(x+z),\\ x=z\end{cases}$ 所在的抛物面方程.

5. 在通过 y 轴的平面中求与椭圆抛物面 $x^2+\frac{y^2}{2}=2z$ 的交线是圆的平面方程，并求此圆的半径.

6. 求与 xOy 面平行且与两异面直线 $x=0, y=0$ 和 $x=1, y=z$ 相交的动直线所成的轨迹方程.

7. 已知二次曲面

$$S_k: \frac{x^2}{a^2-k}+\frac{y^2}{b^2-k}=z,$$

其中 $a>b>0$,k 为参数,试对参数 k 的可能值讨论 S_k 为何种曲面?

8. 证明:参数方程

$$\begin{cases} x=au\cos v, \\ y=bu\sin v, \\ z=\frac{1}{2}u^2 \end{cases} \quad 与 \quad \begin{cases} x=a(u+v), \\ y=b(u-v), \\ z=2uv, \end{cases}$$

分别表示椭圆抛物面和双曲抛物面,其中 a,b 为正常数.

4.4 二次曲面的种类

在空间,由三元二次方程

$$a_{11}x^2+a_{22}y^2+a_{33}z^2+2a_{12}xy+2a_{13}xz+2a_{23}yz \\ +2a_{14}x+2a_{24}y+2a_{34}z+a_{44}=0 \qquad (4.4-1)$$

所表示的曲面称为**二次曲面**,方程(4.4-1)是二次曲面的一般方程.

关于二次曲面,在这里我们介绍有关它的分类的一个结论.通过适当选取坐标系,二次曲面的一般方程总可以表示成标准方程.二次曲面可分为五大类十七种,它们的标准方程分别如下:

1. 椭球面

(1) 椭球面: $\frac{x^2}{a^2}+\frac{y^2}{b^2}+\frac{z^2}{c^2}=1$;

(2) 虚椭球面: $\frac{x^2}{a^2}+\frac{y^2}{b^2}+\frac{z^2}{c^2}=-1$;

(3) 点椭球面: $\frac{x^2}{a^2}+\frac{y^2}{b^2}+\frac{z^2}{c^2}=0$;

2. 双曲面

(4) 单叶双曲面: $\frac{x^2}{a^2}+\frac{y^2}{b^2}-\frac{z^2}{c^2}=1$;

(5) 双叶双曲面: $\frac{x^2}{a^2}+\frac{y^2}{b^2}-\frac{z^2}{c^2}=-1$;

3. 抛物面

(6) 椭圆抛物面：　$\frac{x^2}{a^2}+\frac{y^2}{b^2}=2z$；

(7) 双曲抛物面：　$\frac{x^2}{a^2}-\frac{y^2}{b^2}=2z$；

4. 二次锥面

(8) 二次锥面：　$\frac{x^2}{a^2}+\frac{y^2}{b^2}-\frac{z^2}{c^2}=0$；

5. 二次柱面

(9) 椭圆柱面：　$\frac{x^2}{a^2}+\frac{y^2}{b^2}=1$；

(10) 虚椭圆柱面：　$\frac{x^2}{a^2}+\frac{y^2}{b^2}=-1$；

(11) 直线：　$\frac{x^2}{a^2}+\frac{y^2}{b^2}=0$；

(12) 双曲柱面：　$\frac{x^2}{a^2}-\frac{y^2}{b^2}=1$；

(13) 一对相交平面：　$\frac{x^2}{a^2}-\frac{y^2}{b^2}=0$；

(14) 抛物柱面：　$x^2=2py$；

(15) 一对平行平面：　$x^2=a^2$；

(16) 一对虚平行平面：　$x^2=-a^2$；

(17) 一对重合平面：　$x^2=0$.

例 4.4.1　证明：方程

$$ax^2+by^2+cz^2+2dx+2ey+2fz+g=0$$

表示中心二次曲面，其中 $abc\neq0$.

证　将已知方程配方，得

$$a\left(x+\frac{d}{a}\right)^2+b\left(y+\frac{e}{b}\right)^2+c\left(z+\frac{f}{c}\right)^2$$

$$=\frac{d^2}{a}+\frac{e^2}{b}+\frac{f^2}{c}-g.$$

设 $k=\frac{d^2}{a}+\frac{e^2}{b}+\frac{f^2}{c}-g$,并应用习题 1.9 的第 13 题的公式作坐标变换

$$\begin{cases}x=x'-\dfrac{d}{a},\\ y=y'-\dfrac{e}{b},\\ z=z'-\dfrac{f}{c}\end{cases}$$

得

$$ax'^2+by'^2+cz'^2=k.$$

因此,若 $k\neq 0$,则方程表示以新原点为对称中心的二次曲面.若 $k=0$,则方程表示二次锥面.

习题 4.4

1. 证明:$2x^2+4y^2+z^2-4x-8y+4z+6=0$ 表示椭球面,并求其中心和三个半轴长.

2. 证明:$x^2-y^2+z^2+2x+2z+2=0$ 表示圆锥面,并求其半顶角和顶点坐标.

3. 求到定点 $P_0(0,0,2)$ 与到 xOy 坐标面距离之比等于 1 的动点的轨迹方程,并指出此轨迹为何种曲面?

4.5 二次曲面的直纹性

定义 4.5.1 由一族直线所构成的曲面称为**直纹面**,这一族直线称为这个曲面的**一族直母线**.

柱面和锥面分别由平行直线族与共点直线族构成,它们都是直纹面.在二次曲面中,二次柱面和二次锥面都是直纹面.椭球面不是直纹面,这是因为椭球面是有界曲面.双叶双曲面(4.2-2)也不是直纹面,因为在空间的 $|z|<c$ 的区域内没有曲面上的点.如果曲面上有直线,那么该直线必与 xOy 坐标面平行,但我们知道双叶双曲面(4.2-2)被平行于 xOy 坐标面的平面截割所得的

截线是椭圆，故双叶双曲面上无直线.同样可知，椭圆抛物面也不是直纹面.二次曲面中除了二次柱面，二次锥面是直纹面外，还有单叶双曲面与双曲抛物面也都是直纹面.

定理 4.5.1　单叶双曲面

$$\frac{x^2}{a^2}+\frac{y^2}{b^2}-\frac{z^2}{c^2}=1 \tag{1}$$

是直纹面，并有两族直母线，它们的方程为

$$\begin{cases}\lambda\left(\dfrac{x}{a}+\dfrac{z}{c}\right)=\mu\left(1+\dfrac{y}{b}\right),\\ \mu\left(\dfrac{x}{a}-\dfrac{z}{c}\right)=\lambda\left(1-\dfrac{y}{b}\right)\end{cases}\quad(\lambda,\mu\text{ 不全为零}) \tag{4.5-1}$$

与

$$\begin{cases}\lambda'\left(\dfrac{x}{a}+\dfrac{z}{c}\right)=\mu'\left(1-\dfrac{y}{b}\right),\\ \mu'\left(\dfrac{x}{a}-\dfrac{z}{c}\right)=\lambda'\left(1+\dfrac{y}{b}\right)\end{cases}\quad(\lambda',\mu'\text{不全为零}). \tag{4.5-2}$$

证　将单叶双曲面的方程(1)移项且分解因式改写成

$$\left(\frac{x}{a}+\frac{z}{c}\right)\left(\frac{x}{a}-\frac{z}{c}\right)=\left(1+\frac{y}{b}\right)\left(1-\frac{y}{b}\right). \tag{2}$$

再引进不全为零的参数 λ,μ 与 λ',μ'，并作方程(4.5-1)与(4.5-2).

显然，(4.5-1)中两个方程表示两个不同的平面且它们不平行.当 λ,μ 取所有可能的不全为零的实数时，(4.5-1)就表示一族直线.同样，方程(4.5-2)也表示一族直线.

下面我们先证明单叶双曲面(1)可由直线族(4.5-1)构成.

为此先证明直线族(4.5-1)的每一条直线全在曲面上.

事实上，如果 λ,μ 都不为零，那么把(4.5-1)的两个方程的左边与左边相乘，右边与右边相乘，再用 $\lambda\mu$ 去除就得到(2)，从而得到(1).这说明直线(4.5-1)上的每一点都在单叶双曲面(1)上，也就是直线(4.5-1)在单叶双曲面(1)上.如果 $\lambda\mu=0$，当 $\lambda=0$ 时，必有 $\mu\neq0$，(4.5-1)变为

$$\begin{cases}\dfrac{x}{a}-\dfrac{z}{c}=0,\\ 1+\dfrac{y}{b}=0.\end{cases} \tag{3}$$

当 $\mu=0$ 时，必有 $\lambda\neq0$，(4.5-1)变为

$$\begin{cases}\dfrac{x}{a}+\dfrac{z}{c}=0,\\1-\dfrac{y}{b}=0.\end{cases}\tag{4}$$

显然(3)和(4)上的点的坐标满足方程(2)，因而它们在单叶双曲面(1)上.

反过来，再证明单叶双曲面(1)上任意一点 $M(x_0,y_0,z_0)$ 必在直线族(4.5-1)中某一条直线上.

因为点 M 在单叶双曲面(1)上，故它的坐标满足(2)，即

$$\left(\frac{x_0}{a}+\frac{z_0}{c}\right)\left(\frac{x_0}{a}-\frac{z_0}{c}\right)=\left(1+\frac{y_0}{b}\right)\left(1-\frac{y_0}{b}\right),\tag{5}$$

把点 M 的坐标代入方程(4.5-1)，得

$$\begin{cases}\left(\dfrac{x_0}{a}+\dfrac{z_0}{c}\right)\lambda-\left(1+\dfrac{y_0}{b}\right)\mu=0,\\\left(1-\dfrac{y_0}{b}\right)\lambda-\left(\dfrac{x_0}{a}-\dfrac{z_0}{c}\right)\mu=0.\end{cases}\tag{6}$$

方程组(6)是关于 λ,μ 的二元一次齐次方程组，这是因为 $1+\dfrac{y_0}{b}$ 与 $1-\dfrac{y_0}{b}$ 不能同时为零.

如果 $1+\dfrac{y_0}{b}\neq0$，那么由(5)可知，方程组(6)有一组非零解 $\lambda_0=1+\dfrac{y_0}{b}$，$\mu_0=\dfrac{x_0}{a}+\dfrac{z_0}{c}$，即有不全为零的实数 λ_0,μ_0 使得

$$\begin{cases}\lambda_0\left(\dfrac{x_0}{a}+\dfrac{z_0}{c}\right)=\mu_0\left(1+\dfrac{y_0}{b}\right),\\\mu_0\left(\dfrac{x_0}{a}-\dfrac{z_0}{c}\right)=\lambda_0\left(1-\dfrac{y_0}{b}\right).\end{cases}$$

这表明点 M 在(4.5-1)中的直线

$$\begin{cases}\lambda_0\left(\dfrac{x}{a}+\dfrac{z}{c}\right)=\mu_0\left(1+\dfrac{y}{b}\right),\\\mu_0\left(\dfrac{x}{a}-\dfrac{z}{c}\right)=\lambda_0\left(1-\dfrac{y}{b}\right)\end{cases}$$

上.同样，如果 $1-\dfrac{y_0}{b}\neq0$，那么方程组(6)有非零解 $\lambda_0=\dfrac{x_0}{a}-\dfrac{z_0}{c}$，$\mu_0=1-\dfrac{y_0}{b}$，从

而便得直线族(4.5－1)中过点 M 的直线

$$\begin{cases}\left(\dfrac{x_0}{a}-\dfrac{z_0}{c}\right)\left(\dfrac{x}{a}+\dfrac{z}{c}\right)=\left(1-\dfrac{y_0}{b}\right)\left(1+\dfrac{y}{b}\right),\\ \left(1-\dfrac{y_0}{b}\right)\left(\dfrac{x}{a}-\dfrac{z}{c}\right)=\left(\dfrac{x_0}{a}-\dfrac{z_0}{c}\right)\left(1-\dfrac{y}{b}\right).\end{cases}$$

这样，我们证明了单叶双曲面(1)可由直线族(4.5－1)构成，所以它是直纹面，而且(4.5－1)是它的一族直母线.完全类似地可以证明，直线族(4.5－2)也是单叶双曲面(1)的一族直母线.故定理 4.5.1 成立.

单叶双曲面的两族直母线在曲面上的分布情况如图 4.5.1 所示.

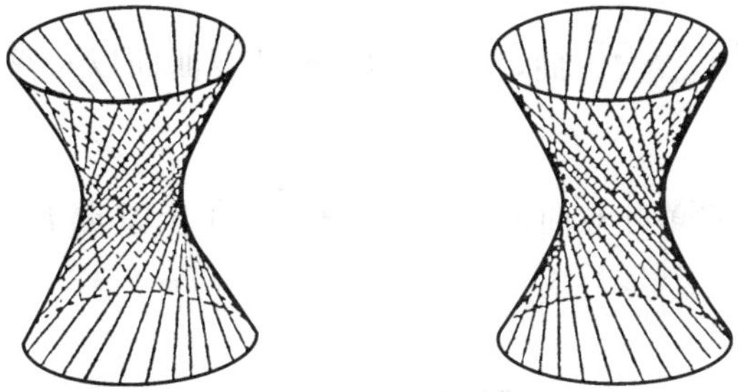

图 4.5.1

对于双曲抛物面，与定理 4.5.1 的证明完全相仿，可以证明

定理 4.5.2　双曲抛物面

$$\frac{x^2}{a^2}-\frac{y^2}{b^2}=cz \quad (c\text{ 为非零常数}) \tag{7}$$

是直纹面，并有两族直母线，它们的方程为

$$\begin{cases}\dfrac{x}{a}+\dfrac{y}{b}=c\lambda,\\ \lambda\left(\dfrac{x}{a}-\dfrac{y}{b}\right)=z\end{cases} \quad (\lambda\text{ 为参数}) \tag{4.5－3}$$

与

$$\begin{cases}\dfrac{x}{a}-\dfrac{y}{b}=c\lambda',\\ \lambda'\left(\dfrac{x}{a}+\dfrac{y}{b}\right)=z\end{cases} \quad (\lambda'\text{为参数}), \tag{4.5－4}$$

其中参数 λ 与 λ' 可取一切实数.

这里，为了方便，我们将双曲抛物面通常的标准方程表示成(7)的形式.

图 4.5.2 反映了双曲抛物面上两族直母线的分布情况.

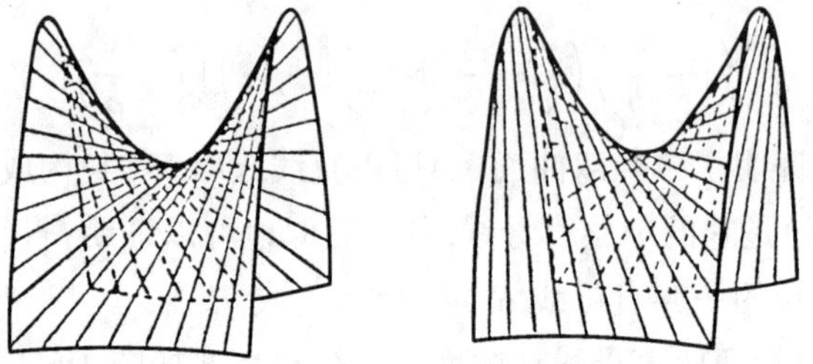

图 4.5.2

在二次曲面中，二次锥面，二次柱面，单叶双曲面以及双曲抛物面统称为**二次直纹面**.

例 4.5.1 试求单叶双曲面 $x^2+\frac{y^2}{4}-\frac{z^2}{9}=1$ 上过点 $P(1,2,3)$ 的直母线方程.

解 据定理 4.5.1，单叶双曲面 $x^2+\frac{y^2}{4}-\frac{z^2}{9}=1$ 的两族直母线方程分别为

$$\begin{cases}\lambda\left(x+\dfrac{z}{3}\right)=\mu\left(1+\dfrac{y}{2}\right),\\ \mu\left(x-\dfrac{z}{3}\right)=\lambda\left(1-\dfrac{y}{2}\right)\end{cases}$$

与

$$\begin{cases}\lambda'\left(x+\dfrac{z}{3}\right)=\mu'\left(1-\dfrac{y}{2}\right),\\ \mu'\left(x-\dfrac{z}{3}\right)=\lambda'\left(1+\dfrac{y}{2}\right).\end{cases}$$

把点 P 的坐标代入上面两个方程，分别求得

$$\lambda:\mu=1:1 \text{ 与 } \lambda':\mu'=0:1.$$

再把它们代入直母线方程，求得过点 P 的两条直母线分别是

$$\begin{cases}x+\dfrac{z}{3}=1+\dfrac{y}{2},\\ x-\dfrac{z}{3}=1-\dfrac{y}{2}\end{cases}$$

与

$$\begin{cases}1-\dfrac{y}{2}=0,\\ x-\dfrac{z}{3}=0,\end{cases}$$

即

$$\begin{cases}6x-3y+2z-6=0,\\ 6x+3y-2z-6=0\end{cases}$$

与

$$\begin{cases}y-2=0,\\ 3x-z=0.\end{cases}$$

例 4.5.2　求生成双曲抛物面$\dfrac{x^2}{4}-\dfrac{y^2}{9}=z$的直母线族,并求过点$P(2,3,0)$的直母线方程.

解　根据定理4.5.2,设双曲抛物面的两族直母线的方程是

$$\begin{cases}\dfrac{x}{2}+\dfrac{y}{3}=\lambda,\\ \lambda\left(\dfrac{x}{2}-\dfrac{y}{3}\right)=z\end{cases}$$

与

$$\begin{cases}\dfrac{x}{2}-\dfrac{y}{3}=\lambda',\\ \lambda'\left(\dfrac{x}{2}+\dfrac{y}{3}\right)=z.\end{cases}$$

将点P的坐标$(2,3,0)$分别代入上述两个方程,求得

$$\lambda=2 \text{ 与 } \lambda'=0.$$

由此知,过点P的两条直母线方程分别为

$$\begin{cases}\dfrac{x}{2}+\dfrac{y}{3}=2,\\ 2\left(\dfrac{x}{2}-\dfrac{y}{3}\right)=z\end{cases}$$

与

$$\begin{cases}\dfrac{x}{2}-\dfrac{y}{3}=0,\\ z=0,\end{cases}$$

即

$$\begin{cases}3x+2y-12=0,\\ 3x-2y-3z=0\end{cases}$$

与

$$\begin{cases}3x-2y=0,\\ z=0.\end{cases}$$

习题 4.5

1. 验证下列点在曲面上，并求该点的直母线方程：

(1) $M(6,2,8)$，$\dfrac{x^2}{9}+\dfrac{y^2}{4}-\dfrac{z^2}{16}=1$；

(2) $M(4,0,2)$，$\dfrac{x^2}{4}-\dfrac{y^2}{9}=2z$.

2. 求单叶双曲面 $x^2+y^2-z^2=1$ 上过点$(0,1,0)$的两条直母线的夹角.

3. 求双曲抛物面$\dfrac{x^2}{16}-\dfrac{y^2}{4}=z$ 上平行于平面 $3x+2y-4z-1=0$的直母线方程.

4. 求生成下列曲面的直母线族，并求过点$(3,0,1)$的直母线方程：

(1) 椭圆柱面$\dfrac{x^2}{9}+\dfrac{y^2}{4}=1$；

(2) 二次锥面$\dfrac{x^2}{9}+\dfrac{y^2}{4}-z^2=0$.

5. 求下列直线族所生成的曲面(式中的 λ 为参数)：

(1) $\dfrac{x-\lambda^2}{1}=\dfrac{y}{-1}=\dfrac{z-\lambda}{0}$；

(2) $\begin{cases}x+2\lambda y+4z=4\lambda,\\ \lambda x-2y-4\lambda z=4.\end{cases}$